증보판

김정은 시대
북한의 벼랑 끝 전략

임 성 재

박영사

|개정증보판을 내면서|

북한의 김정은은 2024년 1월 개최된 최고인민회의 제14기 10차 회의에서 "대한민국을 제1의 적대국, 불변의 주적으로 간주한다."라고 공언했다. 또한, 김여정은 2023년 3월 미국의 '북한 ICBM 태평양 발사 시 격추' 발언에 대해 "요격하면 선전포고로 간주하겠다."고 언급하였다. 최근에는 각종 오물과 쓰레기를 담은 풍선 1,000여 개를 우리 지역에 살포하는 등 북한의 대남위협이 노골화하고 있다.

북한의 이러한 발언이나 행태들은 핵무기를 배경으로 우리를 군사적으로 위협하기 위한 벼랑 끝 전략의 일환으로 해석할 수 있다. 북한은 핵무기 사용 가능성까지 공공연하게 언급하면서 한반도에서의 위기상황을 최대한으로 끌어 올리고 핵보유국으로서의 지위를 인정받고자 하는 것이다.

북한이 '선전포고'나 '핵무기 사용'과 같은 극단적인 용어를 사용하며 벼랑 끝 전략을 시도하고 있는 만큼 북한의 전략적 의도를 정확하게 파악하고 적절한 대응 전략을 수립하기 위해서는 북한의 벼랑 끝 전략에 대한 철저한 분석과 이해가 선행되어야 한다.

이번에 출간되는 증보판은 기존의 「김정은 시대 북한의 벼랑 끝 전략」 책자의 편집을 개선하여 독자들의 가독성을 높이고, 부록에 최근 북한이 추진하고 있는 위성발사 의도를 경제적·군사적 측면에서 분석한 '북한의 위성발사체 시험 발사 평가' 보고서를 추가하였다.

모쪼록 이 책자가 북한의 대외전략을 연구하는 많은 연구자들과 전공 학생, 안보관계 종사자들이 북한의 벼랑 끝 전략을 분석하고 이해하는 데 참고자료로 사용되길 기대해 본다.

짧은 기간에도 불구하고 증보판 출간을 위해 수고를 아끼지 않은 박영사 정연환 과장과 편집을 맡아 준 양수정 대리, 그리고 출판을 허락해 준 박영사 관계자 모든 분들께 깊은 감사를 드린다.

2024년 7월

임 성 재

책을 내면서

2022년에 들어서자마자 북한은 핵탄두 탑재가 가능한 미사일을 연달아 발사하며 긴장을 고조시키고 있다. 핵보유국임을 선언한 북한이 미사일 발사를 수단으로 미국과 우리 정부와의 협상에서 주도권을 잡기 위한 '벼랑 끝 전략(Brinkmanship)'을 시도하고 있는 것이다.

벼랑 끝 전략은 북한의 위협적인 군사행동을 의미하는 용어이자 북한의 무모하고 예측 불가능한 대외전략을 분석하는 틀로 사용되고 있다. 또한, 벼랑 끝 전략은 북한이 그동안 미국과 우리를 상대로 시도해 온 협상전략의 상징처럼 여겨져 왔다. 위기조성이라는 관점에서 벼랑 끝 전략은 '의도적으로 위기를 조성하여 상대방으로 하여금 양보를 강요하고 자신의 이익을 극대화하려는 전략'이라고 정의할 수 있다. 상대방에 대한 위협과 위기 조성을 의미하는 벼랑 끝 전략은 강압전략이나 게임이론의 치킨게임으로 비유되기도 한다.

토마스 셸링(Thomas Schelling)은 "벼랑 끝 전략(Brinkmanship)이란 벼랑 끝에서 뛰어내리겠다고 위협하는 것이 아니라 스스로도 통제할 수 없는 위기 상황을 만들어 상대방으로 하여금 타협할 수밖에 없도록 만드는 것"이라고 설명하였다. 북한의 벼랑 끝 전략은 북한이 주도하는 일방적인 위협이 아니라 주변국들로 하여금 통제할 수 없는 위기 상황이 발생할 수 있다는 공포를 심어주는 전략인 것이다.

북한은 미국을 상대로 벼랑 끝 전략을 구사하여 상당한 성과를 거두었다. 푸에블로호 나포 사건과 1차 북핵 위기 시 북한은 미국과의 협상에서 벼랑 끝 전략을 구사하여 미국으로부터 사과와 불가침 보장, 경제적 지원을 얻어내는 등 외교적 승리를 거두었다.

그러나 미국과 우리가 동일한 행태를 반복하는 북한의 전략에 양보와 타협으로만 일관한 것은 아니었다. 판문점 도끼만행사건 당시에 북한은 무모한 도발을 감행하다 김일성이 직접 유감을 표명하는 외교적 수모를 겪었으며, 2차 북핵 위기 시에는 미국과 우리정부의 강경한 맞대응으로 예기치 못한 외교적 손실을 감수하기도 하였다. 벼랑 끝 전략은 겉으로는 북한의 외교적 승리처럼 비쳐지고 있으나 실질적으로는 한·미 간 연합방위체제 강화와 한국의 군사력 증강의 빌미를 제공하는 등 상당한 역효과와 부작용을 초래한 것 또한 사실이다.

북한의 전유물로 여겨져 온 벼랑 끝 전략은 사실 어느 국가에서든지 시도할 수 있는 전략이라 할 수 있지만 북한처럼 장기간에 걸쳐 동일한 행태의 전략을 반복적으로 사용한 경우는 찾아보기 힘들다. 집권자의 결정에 어떠한 이의도 제기할 수 없는 절대 권력구조와 중국의 지원 등과 같은 대내외적인 배경은 북한이 벼랑 끝 전략을 반복할 수 있는 결정적 요인으로 작용하고 있다.

무모하고 예측 불가능한 전략으로 치부되는 북한의 벼랑 끝 전략은 비합리성을 가장한 합리적 선택의 결과라고 하겠다. 비합리적으로 보이는 국가이미지를 최대한 활용하는 것은 물론 위기상황을 단계적으로 조성하여 협상의 주도권을 확보하고 상황에 따라 유연하게 전략을 수정하는 방식으로 벼랑 끝 전략을 구사하고 있다. 1차 북핵 위기 시 전쟁 직전의 위기상황에서 카터의 방북을 허용한 것은 북한의 전략이 매우 계획적이며 유연하다는 것을 보여주는 사례라고 하겠다.

북한은 김정은 시대에도 핵보유국으로서 미사일 발사를 통한 벼랑 끝 전략을 지속할 것으로 보인다. 최근 지속되고 있는 북한의 미사일 발사와 핵실험 재개 위협은 이러한 의도를 명확하게 보여주는 것이다.

북한이 벼랑 끝 전략을 지속할 의도를 보이고 있는 상황에서 북한의 벼랑 끝 전략에 대한 분석과 연구는 북한의 의도와 행동을 이해하기 위한 필수적인 과정이다. 북한의 위협에 노출되어 있는 우리의 입장에서 북한의 벼랑 끝 전략에 대한 지속적인 연구는 한반도의 평화와 안정은 물론이고 우리의 생존을 위해서도 반드시 필요한 것이라고 하겠다.

이 책은 필자의 박사학위 논문을 수정 보완한 것으로 최근 계속되고 있는 북한의 미사일 발사와 7차 핵실험 재개 위협으로 북한의 향후 행보에 대한 관심이 고조되고 있는 상황을 고려하여 북한의 벼랑 끝 전략에 대한 이해를 돕고자 출판을 결심하게 되었다.

벼랑 끝 전략은 북한이 무력도발을 시도할 때마다 수많은 언론매체와 방송에서 누구나 알고 있는 상식처럼 거론되고 있지만 벼랑 끝 전략이 어떤 속성을 가지고 있으며 어떤 과정을 거쳐 전개되는 것인지에 대한 설명은 제대로 이루어지지 않고 있는 것 또한 사실이다. 누구나 알고 있다고 생각하고 있으나 제대로 이해하고 있지는 못한 북한의 벼랑 끝 전략의 실체에 대해 본서가 본질적 속성과 한계를 파악하고 이해하는 데 작은 길잡이 역할을 할 수 있기를 기대한다.

연구목적으로 작성한 학위논문을 일반서적으로 출간하도록 격려하고 도움을 주신 주변의 많은 분들과 대학원에서 박사논문 작성 시 학문적 지도를 아끼지 않으신 동국대 김용현 교수님과 많은 교수님들, 그리고 어려운 여건 속에서도 흔쾌히 출판을 허락해주신 박영사 안상준 대표님을 비롯한 관계자 모든 분들께 깊은 감사를 드린다.

끝으로 언제나 따뜻한 응원과 신뢰를 보내주시는 어머니, 장인어른과 장모님, 아내, 그리고 두 아이 상미·상현에게 지면을 빌려 사랑과 감사의 마음을 전한다.

2023년 2월

임 성 재

|목 차|

[표 목차]

[그림 목차]

제1장

서 론

|제1장|
서 론

1. 연구의 필요성

2022년도에 들어서자마자 북한은 각종 미사일들을 연달아 발사하며 위기감을 고조시켰다. 북한은 2012년 개정된 「조선민주주의인민공화국 사회주의헌법」 서문에 핵보유국임을 명시하고 2013년 3월 31일 김정은 국무위원장이 노동당 중앙위 전원회의에서 '핵·경제 병진노선'을 주장함으로써 실질적인 핵보유국임을 선언하였다.[1] 이후 북한은 핵무기를 탑재할 수 있는 발사체 개발에 주력하고 있다.

북한의 예측하기 힘든 위협적 행동은 전략적 이득을 획득하기 위한 '벼랑 끝 전략'의 일환으로 해석되곤 한다. 최근에 지속되고 있는 미사일 발사도 핵보유국 지위 공고화라는 전략적 목표와 함께 대미 협상에서 유리한 고지를 점령하기 위한 북한의 '벼랑 끝 전략'의 일환이라고 분석된다. '벼랑 끝 전략'은 북한의 위협적인 무력 도발 행위를 분석하는 틀로서 오랫동안 사용되어 왔으며 한반도에서 위기 상황을 조장하는 북한의 행태는 '벼랑 끝 전략'이라는 비합리적 행동으로 해석되곤 하였다.

북한의 위협적인 군사행동을 분석하는 유용한 틀로 사용되고 있는 '벼랑 끝 전략'은 특히 언론매체를 통해 북한의 행동을 분석하는 용어로 종종 사용되어 왔다. 위기조성이라는 관점에서 벼랑 끝 전략은 '의도적으로 위기를 조성하여 상대방으로 하여금 양보하도록 유도하고 자신의 이익을 극대화하려는 전략'이라고 정의되기도 한다.[2] 또한, 벼랑 끝 전략(Brinkmanship)은 미국을 협상 테이블로 이끌어 내기 위해 군사적 수단을 사용하는 위협전략의 첫 번째 단계라고 설명하기도 한다.[3] 이러한 정의들을 종합해 볼 때 북한의 군사적 위협은 무력시위를 통해 벼랑 끝과 같은 위기국면을 조성하여 협상에서 이득을 얻고자 하는 벼랑 끝 전략의 일환이라고 해석할 수 있다.

게임이론의 대가인 토마스 셸링(Thomas Schelling)은 그의 고전적인 저작 『갈등의 전략(The Strategy of Conflict)』[4]에서 "벼랑 끝 전략(Brinkmanship)이란 벼랑 끝에서 뛰어내리겠다고 위협하는 것이 아니라 스스로도 통제할 수 없는 위기상황을 조성하여 상대방으로 하여금 어쩔 수 없이 타협하도록 상황을 만들어 가는 것"이라고 정의하였다.[5] 셸링의 견해에 따르면 북한의 벼랑 끝 전략은 북한이 주도하는 일방적인 위협이 아니라 주변국들로 하여금 통제할 수 없는 위기상황이 발생할지도 모른다는 공포감을 조성하여 협상에서 많은 것을 양보하도록 만드는 전략이라고 해석할 수 있다. 이러한 견해는 벼랑 끝 전략이 내포하고 있는 본질적 성격을 잘 보여주는 것이라고 하겠다.

그러나 일반적으로 알려져 있는 것과는 달리 북한이 벼랑 끝 전략을 통해 미국과 한국으로부터 전략적 양보를 얻어내는 데 성공했다고 단정할 수는 없다. 반복적으로 지속되어온 북한의 전략에 주변국들이 계속 양보와 타협으로만 일관했다고 보기도 어렵다. 또한, 벼랑 끝 전략이 전쟁까지도 불사하겠다는 군사적 위협이라는 것인지 아니면 벼랑 끝에서 같이 동반 추락할 수도 있다는 자해적 위협인지 그것도 아니라면 단순히 벼랑 끝에 서 있는 것 같은 위기상황을 만들었다는 포괄적인 개념인지에 대해 명확한 정의도 제대로 이루어지지 않고 있다.

벼랑 끝 전략을 중국의 고전에 나오는 '배수진 전법'[6]과 같은 개념으로 이해하는 경우를 종종 찾아볼 수 있는 것은 벼랑 끝 전략에 대한 개념 정립이 명확히 이루어지지 않은 반증이라고 하겠다. 배수진 전략은 절박한 상황을 스스로 조성하는 것으로 상대방에 대한 위협이라기보다는 내부 구성원들의 강력한 결속과 각오를 다지기 위한 전략이라고 보는 것이 옳다. 북한의 벼랑 끝 전략을 배수진과 같은 개념이라고 주장하는 것은 북한이 외부의 적이 아닌 내부 주민들을 결속시키기 위해서 벼랑 끝 전략을 사용하고 있다고 해석하는 것과 같다. 북한의 벼랑 끝 전략은 내부결속보다는 외부의 적을 상대로 한 대외전략이라고 보아야 한다.

북한의 핵실험이나 미사일 발사와 같은 군사적 위협이 반복될 때마다 등장하는 벼랑 끝 전략이라는 용어에 익숙해져 있는 상황에서 북한의 무모하고 예측 불가능한 행동들을 단순히 벼랑 끝 전략의 반복이라는 틀로 해석하는 것은 오히려 북한의 전략적 의도에 대한 이해를 방해하는 것이 될 수 있다.

북한의 '벼랑 끝 전략'에 대한 오해를 불식하고 북한의 행동과 의도를 정확하게 파악하기 위해서는 그동안 북한이 전개해 온 군사적 위협 사례들에 대한 연구가 지속적으로 이루어져야 한다. 북한의 상징적인 대외전략으로 인식되어 있는 벼랑 끝 전략에 대한 연구를 통해 북한의 의도와 행동을 예측할 수 있는 근거를 찾아내는 것은 향후 한반도 비핵화와 평화정착을 위한 북한과의 협상을 위해 반드시 필요한 과정이다. 이러한 관점에서 벼랑 끝 전략에 대한 연구는 매우 의미 있는 작업이라고 하겠다.

본 책에서는 북한이 그동안 미국을 상대로 벌여온 무력도발 사례들에 대한 분석을 통해 벼랑 끝 전략의 속성과 전개방식 등을 학술적인 차원에서 규명하고자 한다. 또한 북한이 구사해 온 벼랑 끝 전략이 냉전시대를 전후하여 어떻게 변화되어 왔으며 북한은 이러한 전략들을 통해 자신들의 목표를 얼마나 달성했는지 여부를 확인해 보고자 한다. 북한이 벼랑 끝 전략으로 전략적 목적을 달성했는지 여부를 살펴봄으로써 벼랑 끝 전략의 실효성을 확인하는 것은 물론 향후에도 이러한 전략을 지속할 수 있을 것인지를 가늠할 수 있다.

한편, 북한의 벼랑 끝 전략은 미국과 한국을 상대로 한 대외전략이면서 동시에 북한 주민들의 내부적 단결을 제고하고 체제의 생존을 유지하기 위한 이중적 전략이라는 성격을 가지고 있는 것으로 보인다. 일본의 국제문제 전문가인 미치시타 나루시게는 1990년대 소련을 비롯한 사회주의 체제의 붕괴이후 북한은 벼랑 끝 전략의 목표를 체제유지에 두고 있다고 주장했다.[7] 이러한 주장은 앞으로도 북한이 대외적 실효성과는 별개로 체제 내부적인 목적을 위해서 벼랑 끝 전략을 시도할 수 있다는 가능성을 암시하고 있다.

본 책에서는 미국을 상대로 한 북한의 벼랑 끝 전략 사례 분석을 통해 우리의 전략적 입지에 대해서도 검토해 보고자 하였다. 북미 간의 양자 간 대결 양상을 보여 온 벼랑 끝 전략에서 한국은 북한으로부터 실질적인 위협을 받는 당사국이었음에도 불구하고 협상 참여자로서의 역할은 매우 제한적이었다. 북한은 한국을 협상에서 배제한 채 미국과의 직접 협상을 추구하는 '통미봉남' 전술을 지속적으로 시도하였다.

이러한 협상 구도 속에서 북한의 군사적 위협에 대한 미국과 한국의 체감 인식은 상당한 수준으로 차이가 날 수밖에 없었다. 북한은 한미 양국 간의 입장 차이를 전략적으로 이용하기 위해 벼랑 끝 전략의 강도를 조절하고 있는 것으로 보인다. 북한이 핵무기 개발과 미사일 발사를 지속하면서도 미국을 겨냥한 장거리 탄도 미사일의 발사는 자제하고 있는 것은 이러한 북한의 의도를 반영한 것이다. 미국을 상대로 하지만 미국을 직접적으로 위협하는 위험은 감수하지 않겠다는 것이 북한의 속내인 것이다. 북한의 이중적인 전략을 차단하고 우리가 주도하는 대북전략 추진을 위해 우리의 전략적 입지에 대한 면밀한 분석이 선행되어야 한다.

북한은 시대 변화에 따라 목표와 수단을 바꾸면서 벼랑 끝 전략을 지속적으로 시도하고 있다. 김정은 시대에 들어와 벼랑 끝 전략은 더욱 강화될 것으로 예상된다. 벼랑 끝 전략의 실체와 전략적 한계에 대한 올바른 이해를 통해 북한의 전략을 극복할 수 있는 대응책 마련이 필요한 시점이라 하겠다.

2. 벼랑 끝 전략과 관련 연구들

북한의 대외 협상 전략에 대한 연구는 양적으로 상당한 수준에 이르고 있다. 특히 미국을 상대로 북한이 펼쳐 온 군사적 위협전략은 약소국이 강대국을 상대로 성과를 거둔 특이한 사례로 많은 연구자들이 관심의 대상으로 삼았다. 이들은 북한의 대미전략을 주로 '비대칭 협상전략'이라는 관점에서 분석하였다. 비대칭 협상전략 연구로 유명한 하비브(Habeeb)는 그의 저서에서 특정한 사안에 있어서 약소국도 강대국에 대해 우위를 점할 수 있다고 주장했다.[8)]

그동안의 연구들이 약소국의 강대국에 대한 억지전략이라는 관점에서 북한의 전략을 분석하고 이론적 검증을 시도한 반면 벼랑 끝 전략 자체에 대한 학문적 검증이나 명확한 개념 정립은 제대로 이루어지지 않고 있다. 벼랑 끝 전략을 북한이 시도하는 대외전략의 일환 또는 협상과정에 나타나는 일시적인 수단이라는 전술적인 개념으로 해석함으로써 벼랑 끝 전략 자체에 대한 독립적인 연구나 학문적 분석은 시도하지 않은 것으로 보인다.

북한의 벼랑 끝 전략과 관련한 연구들은 전략이 가진 실효적 한계를 지적하는 연구와 전략으로서의 효과를 긍정적으로 분석한 연구로 대별할 수 있다. 외국의 연구자들은 대부분 전쟁까지도 불사하는 북한의 벼랑 끝 전략이 초기에는 서방의 공포심을 자극함으로써 상당한 성과를 거두었으나 유사한 행태의 반복으로 실효성을 상실하거나 역효과를 초래하고 있다고 분석하였다. 반면 국내의 연구자들은 대부분 벼랑 끝 전략이 북한에게 많은 이득을 안겨준 전략이며 현재까지도 유효한 전략이라고 분석하고 있다. 이러한 분석의 차이는 외국의 연구자들이 북한의 위협을 제3자적 입장에서 학문적으로 접근하고 있는 데 반해 국내의 연구자들은 북한의 위협을 직접적으로 체감하고 있는 상황에서 연구를 진행했다는 입장의 차이에 크게 기인한 것으로 보인다.

미국 정부의 평화기구와 아시아재단에서 연구원으로 활동 중인 스코트 스나이더(Scott A. Snyder)는 북한은 미친 존재가 아니며 나름의 논리를 가지고 벼랑 끝 전술[9])과 같은 위협적인 행동을 반복하고 있다고 지적했다.[10]) 그는 벼랑 끝 전술을 일종의 협상 전략이라고 보고 북한은 위기 조성 외교를 통해 북핵 위기가 발생한 초기에는 자신들의 목적을 어느 정도 충족할 수 있었으나 협상이 지속됨에 따라 그 효과는 현저하게 떨어졌다고 분석했다. 북한의 벼랑 끝 전술은 상대방으로부터 최대한 양보를 얻어내기 위해 위협과 공갈을 반복하는 것이며 북한은 냉전기간 동안 이러한 전술로 상당한 효과를 거두었으나 같은 행태가 반복됨에 따라 그 효과는 현저히 저하되었으며 미국은 북한의 위협을 무시하는 단계에 들어섰다고 지적했다.[11])

한국전쟁 이후 미·북 간 휴전협상부터 1994년 10월 제네바 합의에 이르기까지 수십 년에 걸친 북한의 협상전략을 연구한 척 다운스(Chuck Downs)는 북한은 오랜 기간 동안 악명 전략을 유지하여 서방측으로부터 많은 양보를 얻어내었으며 전쟁까지도 감수하는 것 같은 벼랑 끝 전술을 통해 협상의 주도권을 쥘 수 있었다고 주장했다. 북한의 협상행태는 예측불가능하고 비이성적이며 협상의 주도권을 잡기위해 벼랑 끝 전술을 기습적으로 구사한다고 분석하였다. 북한은 협상에서 주도권을 잡기 위해 위협적인 사건을 일으킨 후 기습적으로 벼랑 끝 전술을 구사하며 서방세계가 가지고 있는 전쟁에 대한 공포를 교묘히 이용하고 있으나 오랜 기간 유사한 형태로 반복됨에 따라 서방세계가 더이상 기만당하지는 않을 것이라고 단정하였다.[12])

1960년대 이후 북한의 무력도발 양상을 분석한 미치시타 나루시게(Narushige Michishita)는 북한의 군사적 위협행위를 전략이나 전술이 아닌 외교의 일종으로 구분하여 '벼랑 끝 외교' 라는 용어를 사용하였다. 북한은 군사력 행사를 통해 위협을 고조시키는 벼랑 끝 외교를 전개해 왔으나 항상 목적을 달성하기 보다는 오히려 역효과와 같은 부정적 결과를 맞기도 하였다고 평가했다.[13] 또한, 북한의 벼랑 끝 외교 전략은 냉전이 종식된 1990년대를 기점으로 체제 유지 목적의 제한적인 무력시위로 변형되었다고 분석했다. 그의 연구는 장기간에 걸친 북한의 벼랑 끝 외교 사례를 분석하여 벼랑 끝 외교를 통해 북한이 거둔 성과와 벼랑 끝 외교의 변화 추세 및 중장기적 역효과를 도출해 내었다는 점에서 의미가 있다.

벼랑 끝 전략의 개념과 관련하여 국내 연구자인 손무정은 2차 북핵 위기를 해결하기 위한 북·미 간 협상과정에서 북한이 벼랑 끝 정책을 시행했으나 협상이 교착되는 결과만을 초래했다면서 벼랑 끝 정책은 상대의 행동에 영향을 주기 위해 위험을 창출하는 정책이며 상대가 견딜 수 없을 정도까지 위험의 수위를 극단적으로 높임으로써 효과를 거둘 수 있다고 주장했다.[14]

북한의 벼랑 끝 전략의 실효적 한계를 지적한 외국의 연구들과는 달리 국내의 많은 연구자들은 북한이 벼랑 끝 전략을 통해 외교적 승리를 거두어 왔으며 현재까지도 북한의 유용한 대외전략이라고 분석하고 있다. 또한, 이들 연구자들은 북한의 벼랑 끝 전략은 치밀한 계획 아래 이루어지는 합리적인 선택의 결과이며 무모하거나 예측 불가능한 전략이 아니라고 주장하였다.

고유환은 북한이 협상과정에서 벼랑 끝 외교를 통해 상당한 성과를 거둔 만큼 앞으로도 이러한 전략을 지속할 것이라고 전망하였고,[15] 김복산은 북한이 협상 종결단계에서 협상이 자신에게 유리하게 전개되고 있을 경우 배수진을 친 것과 같은 벼랑 끝 전술로 상대를 압박하여 최대한의 이득을 얻어내려 한다고 주장했다.[16]

박종철은 1차 북핵 위기를 해결하기 위해 1994년 10월 체결된 북미제네바 합의는 북한의 벼랑 끝 전략을 인정하는 결과를 초래했다고 분석했다.[17] 북한은 위기조성 전략을 통해 미국으로부터 경수로 건설과 매년 50만 톤의 중유 제공이라는 제네바 합의를 이끌어 내었으며 이러한 결과는 북한이 위협과 협박이라는 벼랑 끝 전략의 유용성을 확인하는 계기가 되었다고 주장했다.[18]

북한의 대외전략을 군 중심의 선군외교라는 관점에서 분석한 서훈은 벼랑 끝(Brinkmanship)전략은 선군외교의 전략적 실천행태 중 하나로서 미국을 협상장으로 끌어들이기 위해 군사적인 위협을 가하는 전략이며 치밀한 계획 아래 이루어진 결과물이라고 강조했다.[19]

송종환은 북한은 협상장을 전쟁터와 같은 곳으로 상정하고 군사작전처럼 협상을 진행하면서 일방적인 양보를 강요한다고 주장했다.[20] 이러한 대표적인 사례로 1994년 3월 19일 북한 핵개발 의혹 실태 확인을 위한 남북특사교환 실무대표 접촉회담에서 북한 대표 박영수의 “서울 불바다” 발언을 들었다.[21]

양무진은 북한의 대미 전략을 강압전략(Coerctic Strategy)과 맞대응전략(Tit－for－Tat Strategy)으로 분석[22]한 반면 정종관은 미국에 맞대응하기 위해 핵무기 개발을 이용하는 역 강압 전략을 선택했다고 주장했다.[23] 전동진은 북한의 대미 벼랑 끝 전략을 대미 강압을 통한 흥정전략이면서 동시에 내부의 단결을 강화하기 위한 통제 수단이라고 정의하였고,[24] 최용환은 ‘비대칭 억지·강제전략’이라는 개념으로 북한의 대외전략을 평가하면서 북한은 스스로 긴장상황을 유발하여 미국을 위협하고 있다고 주장했다.[25]

벼랑 끝 전술이라는 용어와 관련하여 조한승은 미국 아이젠하워 정부 당시 국무장관이었던 덜레스(Foster Dulles)가 미국은 ‘전쟁의 벼랑 끝(Brink of War)’에 서 있으며 미국의 적대세력이 도발할 경우 핵무기를 포함한 군사력으로 대량 보복을 실시하겠다고 주장한 데서 유래한 것이며 벼랑 끝 전술은 비합리적이거나 무모한 전략이 아닌 북한 지도부의 합리적인 판단의 결과라고 분석했다.[26]

벼랑 끝 전략의 실효성을 인정하는 연구자들은 대부분 벼랑 끝 전략은 약소국인 북한이 강대국인 미국에 맞대응하기 위해 채택한 전략으로 무모하거나 비합리적인 전략이 아니며 위협에 대한 상대방의 태도를 관찰하면서 자신이 감내할 수 있는 전략을 신중하게 선택하는 계획적인 전략이라고 분석하고 있다.

일부 연구자들은 벼랑 끝 전략이 미국에서 시작된 것으로 북한만의 전유물이 아니라 미국도 북한을 상대로 강압적인 벼랑 끝 전략을 사용하고 있다고 주장하기도 한다. 그러나 미국의 전략은 강대국이 우월한 힘의 바탕위에서 시도하는 강압전략으로 북한의 벼랑 끝 전략과는 다른 개념으로 보아야 한다. 상대방을 압도하는 군사적, 경제적 수단을 확보하고 있는 강대국이 스스로 위기를 조성하여 상대를 위협하는 벼랑 끝 전략을 구사할 필요가 있을지는 의문이다. 벼랑 끝 전략은 약소국이 강대국을 상대로 펼치는 비대칭 협상전략과 같이 약소국인 북한의 전략이라고 보는 것이 타당하다. 비슷한 위기상황 조성이라고 해서 상대에 대해 일방적인 위협을 가할 수 있는 강대국과 스스로를 위험한 상황에 노출하는 약소국의 전략을 같은 것으로 보는 것은 다소 무리한 해석이라 하겠다.

벼랑 끝 전략의 실효성을 긍정적으로 평가하는 연구들도 북한의 반복된 벼랑 끝 전략의 사용으로 효과가 약화되고 있다는 점은 인정하고 있으나 벼랑 끝 전략에 내포된 부정적 효과에 대한 구체적인 연구는 제대로 이루어지지 않고 있다. 북한의 벼랑 끝 전략을 실질적인 위협으로 느끼고 있는 우리의 입장에서 전략의 실효성과 역효과에 대한 지속적인 연구와 검토는 매우 중요한 과제라고 하겠다.

벼랑 끝 전략의 실효성에 대한 평가와는 별도로 벼랑 끝 전략 자체에 대한 학문적 분석과 개념정립을 시도한 연구들도 찾아 볼 수 있다.

토마스 C. 셸링은 벼랑 끝 전략(Brinkmanship)을 국가 간의 갈등해결을 위한 협상이라는 관점에서 설명하고 있다. 셸링은 벼랑 끝 전략을 국가 간 전쟁발발의 위기적 상황과 연관 지어 설명하고 있다.[27] 그는 벼랑 끝이라는 개념을 미끄러질 위험이 큰 경사면이라고 설명하면서 벼랑 끝 전술은 벼랑 끝에서 자신이 상대방과 같이 뛰어내릴 수도 있다고 위협하는 것이 아니며 자신 스스로가 통제할 수 없는 경사면과 같은 위기 상황에 서 있음을 보여주고 상대방도 같이 위기상황에 빠질 수 있다는 것을 인식시켜 상대방의 양보를 이끌어 내기 위해 계획적으로 위기상황을 조성하는 전략이라고 정의했다. 이러한 주장은 북한이 구사하는 벼랑 끝 전략에 대한 다각적인 분석의 필요성을 제기해 주고 있다.

한편, 국내 연구자인 서보혁은 벼랑 끝 외교는 상대방의 양보를 기대하는 일종의 치킨게임이며 북한만의 전유물이 아니라 일정 조건만 형성되면 다른 국가에서도 나타날 수 있는 외교형태라고 주장했다.[28] 그는 하르카비(Yehosephai Harkabi)교수의 주장을 인용하여 벼랑 끝 외교 전략을 "일방이 상대방을 위협하거나 의도적으로 위기를 조성하여 양보를 얻어냄으로써 자신이 얻고자 하는 이익을 최대화하려는 모험적이고 도발적인 행동"이라고 정의하였다.[29]

벼랑 끝 전략 연구자들은 대부분 북한의 벼랑 끝 전략은 유효한 협상전략이라는 관점에서 다양한 분석을 하고 있으나 벼랑 끝 전략 자체에 대한 분석보다는 비대칭 억지전략이나 위협전략을 시도하는 과정에서 나타나는 전략의 일환으로 벼랑 끝 전략을 분석하고 있다.

북한의 벼랑 끝 전략과 관련한 선행연구들은 약소국의 비대칭협상, 비대칭 억지·강압, 역 강압, 위기조성, 맞대응, 선군외교 등 다양한 용어와 개념으로 북한의 대미 협상과정에서 나타난 외교정책과 전략을 설명하고 있다. 북한이 미국과의 협상과정에 사용한 전략은 전쟁도 불사하겠다는 위협과 협박이며 북한은 이를 통해 다양한 이득을 얻어왔다는 것이다. 또한 이러한 경험으로 인해 북한은 유사한 전략을 반복 사용하게 될 것이라고 예측하였다. 그러나 북한의 전략은 오랜 기간 반복적 행태를 보임으로써 효과가 약화되고 있는 것은 물론 강력한 대북제재나 한국의 군사력 강화와 같은 역효과를 초래하고 있는 것도 사실이다.

북한의 벼랑 끝 전략에 관한 기존연구들은 벼랑 끝 전략을 북한의 대외전략의 일부분으로 해석하여 벼랑 끝 전략 자체에 대한 학문적 분석은 제대로 이루어지지 않은 측면이 있다. 벼랑 끝 전략이라는 용어가 학문적 개념으로 이해되기보다는 저널리즘적 성격을 강하게 가지고 있다는 일반적인 인식이 벼랑 끝 전략 자체에 대한 연구를 어렵게 하고 있는 것으로 보인다. 기존의 많은 연구들 중에서 벼랑 끝 전략 자체를 연구의 대상으로 삼은 논문을 찾기가 쉽지 않다는 사실은 이러한 추측이 개연성이 있음을 보여주는 것이다.

3. 연구 범위와 책의 구성

북한의 벼랑 끝 전략은 북한이 대외협상에서 사용하고 있는 핵심적인 전략인 만큼 향후 북한의 전략을 이해하고 적절한 대응방안을 마련하기 위해서는 벼랑 끝 전략의 속성과 본질에 대한 지속적인 연구와 분석이 필요하다. 본 책에서는 북한의 위협적인 위기조성 전략이나 비대칭 억지전략을 '벼랑 끝 전략'이라는 하나의 개념으로 통합하여 분석하였다. 또, 벼랑 끝 전략이라는 용어 사용과 관련하여 전략과 전술의 용어적 차이를 구분하지 않고 북한의 대외전략이라는 포괄적 관점에서 '벼랑 끝 전략'이라는 용어로 통일하였다.

연구의 범위와 대상으로는 1990년대 냉전 종식을 기준으로 냉전시기와 냉전이후 시기로 시대를 구분하여 북한이 시도했던 다양한 벼랑 끝 전략 사례들을 선정하였다. 냉전시기 사례로는 '푸에블로호 나포 사건'과 '판문점 도끼만행사건'을 분석하고, 냉전이후 사례로는 '1·2차 북핵 위기'와 김정은의 핵무기 완성 시도를 분석하여 벼랑 끝 전략의 변화상을 도출하였다.

먼저 냉전시기 사례로 한국전쟁이후 북한이 내부적으로 김일성 유일지배체제를 완성하고 한국에 대한 군사적 우위를 확보했다는 자신감을 바탕으로 일으킨 것으로 추정되는 군사적 도발로써 '푸에블로호 나포 사건(1968.1)'과 판문점에서 미군장교를 살해하여 한반도를 전쟁의 위기 속으로 몰고 간 '판문점 도끼만행사건(1976.8)'을 선정하였다. 두 사례는 북한이 미군 함정과 미군을 대상으로 위협을 가한 사건으로 휴전회담이후 북·미 간 직접적인 대립과 협상이 이루어진 대표적인 사례이다. '푸에블로호 나포 사건'은 미국을 상대로 군사적 위협과 협상이라는 벼랑 끝 전략을 사용하여 성공을 거둔 사례로써 이후 북한의 대미협상에 커다란 영향을 준 것으로 평가된다.[30]

냉전이후 사례로는 '1차 북핵 위기(1993.3~1994.10)'[31]와 '2차 북핵 위기(2002.10~2005.9)'[32] 및 '김정은 시대 핵개발' 사례를 선정하였다.

특히, 1차 북핵 위기는 북한이 NPT(핵확산금지조약) 탈퇴 선언과 핵무기 개발이라는 벼랑 끝 전략을 전개하여 막대한 전략적, 경제적 이득을 얻은 것으로 평가되고 있다. 북한의 강석주 외교부 부부장은 제네바 합의문을 '기념비적 문서'라고 평가하였고 북한의 로동신문은 '최대의 외교적 승리'라고 보도하기도 하였다.[33] 사실 북한의 벼랑 끝 전략이라는 개념이 공공연하게 거론되기 시작한 것도 1차 북핵 위기 이후 협상과정에 대한 평가가 이루어지면서부터이다. 북핵 위기 시 북한은 핵개발을 협상의 수단으로 이용함으로써 냉전시기의 군사적 위협과는 차원이 다른 위기상황을 조성하였다.

냉전시기를 기준으로 각각의 사례를 선정한 것은 냉전을 전후하여 북한의 벼랑 끝 전략의 목적이 변화하였다는 추론을 바탕으로 하였기 때문이다. 냉전시기 북한은 미국을 상대로 군사적 자신감을 과시하고 내부결속을 다지기 위한 수단으로 벼랑 끝 전략을 사용한 반면 냉전이후에는 체제의 안전을 도모하고 실질적인 지원을 이끌어 내기 위해 벼랑 끝 전략을 사용한 것이라고 판단된다.

북한의 위협수단이 냉전시기를 전후하여 재래식 군사력에서 핵무기 개발로 바뀌었다는 사실도 시기를 구분한 중요한 이유이다. 재래식 군사력과는 달리 핵무기 개발은 위기조성 과정에서 상대방이 느끼는 위협의 정도가 이전과는 비교할 수 없을 정도로 크기 때문이다.

사례연구는 소수의 사례를 대상으로 사례의 전반적인 측면을 연구하고 설명하는 것이며[34] 다양한 사례들에 대한 연구를 통해 도출된 결론은 설득력이 높다는 점에서 매우 유용한 연구방법이라 하겠다.

사례연구를 위해 국내외 선행 연구 자료들 및 언론들의 보도자료, 국방부·통일부·외교부 등 정부 유관부처의 공식 간행물은 물론 인터넷 홈페이지에 게시된 관련 자료들을 활용하였다. 외국에서 발행된 단행본이나 논문들은 직접 접하기 어려운 경우 국내 번역서나 논문에 인용된 내용을 재인용하는 방식으로 활용하였다. 분석 대상으로 삼은 사례들이 군사상 기밀이나 안보와 관련된 내용들이 많아 다양한 자료들에 접근할 수 없는 것은 아쉬운 부분이라 하겠다.

북한 측 자료는 접근에 한계가 있는 만큼 북한 로동당 기관지인 『로동신문』 기사를 기본으로 북한당국에서 발행한 각종 문헌, 공식적인 성명이나 발표문 등을 분석하였다.

이 책의 구성은 북한이 시도한 벼랑 끝 전략 사례 분석을 중심으로 총 7개의 장으로 이루어져 있다.

제1장은 서론으로서 연구의 필요성에 대한 문제제기와 연구의 목적을 기술하고 선행연구들에 대한 고찰과 연구 방법을 제시하였다.

제2장에서는 연구를 위한 이론적 분석의 틀을 검토하였다. 게임이론과 강압외교이론을 통해 벼랑 끝 전략에 대한 개념을 정립하였다. 또한, 벼랑 끝 전략과 배수진을 비교하여 용어적 개념을 명확히 하였다.

제3장에서는 냉전시기 사례 분석으로 '푸에블로호 나포 사건'과 '판문점 도끼만행사건'을 분석하였다.

제4장에서는 냉전이후 사례로 '1·2차 북핵 위기' 및 김정은 시대 트럼프 정부를 상대로 한 핵개발 사례를 분석하였다. 기존의 재래식 군사력과는 위협의 차원이 다른 핵무기 개발을 수단으로 한 북한의 전략 사용 방식과 효과를 분석하고 냉전을 전후로 한 전략 목표의 변화를 도출하였다. 또한, 김정은 시대 달라진 전략의 양상도 서술하였다.

제5장에서는 벼랑 끝 전략이 성립하기 위한 조건과 벼랑 끝 전략의 속성

을 제시하였다. 북한 지도부가 반복적으로 벼랑 끝 전략을 시도할 수 있었던 대내외적 배경과 벼랑 끝 전략의 작동방식을 설명하고 벼랑 끝 전략의 한계도 제시하였다.

제6장에서는 사례 분석 결과를 바탕으로 김정은 시대 벼랑 끝 전략에 대한 평가와 향후 전개양상을 전망하였다.

제7장은 결론으로 벼랑 끝 전략의 개념을 재 정의하고 지속적인 연구의 필요성을 제시하였다.

이후에는 논문 작성에 참고한 각종 문헌목록과 관련 문서를 첨부하여 추가적인 연구에 도움을 주고자 하였다.

이 책에서는 벼랑 끝 전략에 대한 이론적 설명은 가급적 배제하고 각 사례별 사건개요와 협상과정에 대한 설명과 분석을 중심으로 기술하여 벼랑 끝 전략에 대한 이해를 높이고자 하였다. 또한, 각 사례 분석에서는 각주를 최대한 활용하여 저자의 분석에 대한 객관성을 확보하고자 노력하였다.

미주

1) 『조선민주주의인민공화국 사회주의헌법』(2019년 8월 개정) 서문, 『조선로동당 규약』(2016년 5월 개정) 서문 참조.
2) 서보혁, 『탈 냉전기 북미 관계사』(서울: 선인, 2004), p.170.
3) 서훈, 『북한의 선군외교』(서울: 명인문화사, 2008), p.106.
4) Thomas C. Schelling, The Strategy of Conflict(Cambridge: Harvard University Press, 1960)
5) 토마스 셸링, 최동철 역, 『갈등의 전략』(서울: 나남출판, 1992), pp.273-275.
6) 중국 한나라시대의 명장 한신이 사용한 전술로 당시의 일반적인 병법과는 달리 강을 등지고 진을 쳐 군대를 스스로 사지에 몰아넣음으로써 병사들이 결사 항전하도록 만들어 승리를 거둔 전법
7) 미치시타 나루시게. 이원경 역, 『북한의 벼랑 끝 외교사』(서울: 한울, 2014), p.11.
8) William Mark Habeeb, Power and Tactic in International Negotiation: How Weak Nation Bargain With Strong Nation (London: Johns Hopkins Press,1988)
9) 전략(Strategy)은 일반적으로 전술(Tactic)의 상위개념으로 장기적이며 포괄적인 내용을 뜻하는 것으로 사용되고 있으나 전략전술과 같이 혼용되어 사용되거나 연구자에 따라 유사한 개념으로 사용하기도 한다.
10) 스코트 스나이더, 안진환·이재봉 역, 『벼랑 끝 협상』(서울: 청년정신, 2003), pp.8-13.; Scott Snyder, Negotiation on the Edge: North Korean Negotiation Behavior (Wash ington D.C.: United States Institution of Peace Press, 1999)
11) 스코트 스나이더, 안진환·이재봉 역(2003), pp.134-137.
12) 척 다운스, 송승종 역, 『북한의 협상전략』(서울: 한울, 2011), pp.402-404, 362.
13) 미치시타 나루시게, 이원경 역(2011), pp.10-15.
14) 손무정, "2차 북한 핵 위기 협상과 미국과 북한의 벼랑 끝 정책", 『국제정치연구』 제8집 1호(동아시아국제정치학회, 2005), pp.2-5.

15) 고유환, "벼랑 끝 외교와 실리외교의 병행", 『북한』 제322권(북한연구소, 1998), p.49.

16) 김복산, "북한의 핵협상 전략에 관한 연구", 경원대학교 대학원 박사학위 논문, 2010, pp.112-113.

17) 박종철, "북미 간 갈등구조와 협상전망", 『통일정책연구』 제12권1호(통일연구원, 2003, p.130.

18) 외교부 북핵 담당대사를 역임한 이용준은 북핵 협상과정을 기술한 『북핵30년의 허상과 진실』(서울: 한울, 2018)에서 제네바 합의결과에 대해 북한은 외교적 승리라며 대대적으로 자축하고 미국을 상대로 영웅적 승리를 쟁취한 과정을 소설로 엮은 『역사의 대하』라는 책을 출간하기도 하였다라고 평가하였다.

19) 서훈(2008), pp.29-32.

20) 송종환, 『북한 협상행태의 이해』(서울: 오름, 2007), pp.130-131.

21) 당시 회담장에서 북한 대표 박영수는 기조발언이 끝나자마자 "귀측에서 핵문제로 국제 공조 운운하는데 그것은 북한을 압살하려는 것이다. 우리는 전쟁에는 전쟁으로 대할 것이다. 여기서 멀지 않은 서울은 불바다가 될 것이고 불바다가 되면 송선생도 살아남지 못 할 것이다."라고 한국 측 송영대 대표를 향해 발언했다.

22) 양무진, "제 2차 북핵문제와 미북간 대응전략", 『현대북한연구』 제10권1호(북한대학원대학교, 2007), pp.90-95.

23) 정종관, "강대국에 대한 약소국의 역강압전략에 관한 연구:북핵 문제를 중심으로", 조선대학교 대학원 박사학위 논문, 2016, p.141.

24) 전동진, "북한의 대미협상전략과 선군리더십", 『통일전략』 제9권 2호(한국 통일전략학회, 2009), p.15.

25) 최용환, "북한의 대미 비대칭 억지·강제전략 : 핵과 미사일 사례를 중심으로", 서강대학교 대학원 박사학위 논문(2002), pp.20-24.

26) 조한승, "북한의 벼랑 끝 전술과 미국의 미사일 방어체제의 상호관계", 『평화연구』 제15권 1호(고려대 평화와 민주주의연구소, 2007), p.177.

27) 토마스 셸링, 최동철 역(1992), pp.273-275.

28) 서보혁, "벼랑 끝 외교의 작동 방식과 효과 : 1990년대 북한의 대미 외교를 사례로", 『아세아연구』 제46권1호(고려대 아세아문제연구소, 2003), pp.157-186.

29) Yehosephai Harkabi, Nuclear War and Nuclear Peace (Jerusalem: Program for Scientific Translation,1966), p.36; 서보혁(2003), p.159.에서 재인용

30) 이신재, 『푸에블로호 사건과 북한』 (서울: 선인, 2015), p.45.

31) '1차 북핵위기'는 1993년 3월 북한이 IAEA의 특별사찰 요청을 거부하고 핵무기비확산조약(NPT)탈퇴를 선언한 이후부터 1994년 10월「제네바 북미기본합의문」이 체결될 때까지의 북·미간 대치 국면을 말한다.

32) '2차 북핵위기'는 2002년10월 제네바 합의 이행여부를 점검하기 위해 방북한 미국 협상단에게 북한 강석주 외교부 부부장이 고농축 우라늄 핵폭탄 개발을 언급한 때부터 2005년 9월 6자회담을 통해 「9.19공동성명」이 채택되기까지의 대치국면을 말한다.

33) 돈 오버도퍼, 이종길 역, 『두개의 한국』 (경기도 고양: 길산, 2002), p.520.

34) 김병섭, 『편견과 오류 줄이기－조사연구의 논리와 기법』 2판(서울: 법문사, 2010), p.341.

제2장

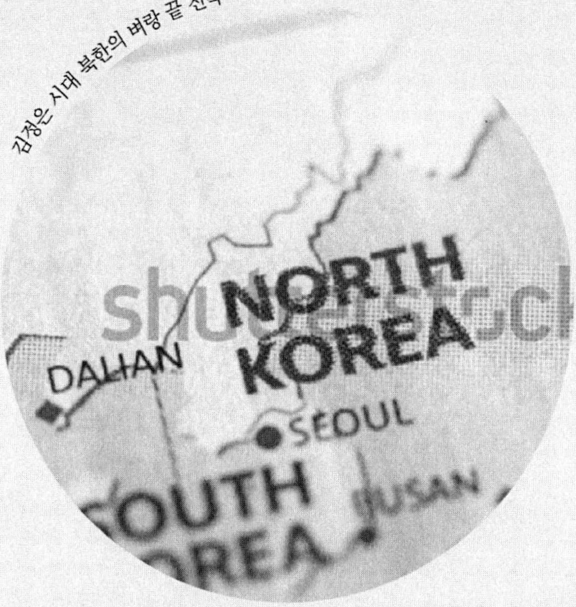

벼랑 끝 전략의 이론적 배경

|제2장|

벼랑 끝 전략의 이론적 배경

1. 게임이론과 강압외교이론

게임이론

게임이론(game theory)은 게임에 참가한 사람들 상호 간에 영향을 주는 상호작용적 상황(interactive situation)에 적합한 분석의 틀로서 전략적인 선택을 필요로 하는 상황을 이해하고 분석하는 데 유용한 이론이다.[1] 게임이론은 게임에 참가한 사람들이 상호 영향을 주면서 행동을 수정해가는 상황을 분석함으로써 상대의 의도와 전략을 이해하게 해준다. 상대의 행동과 말을 통해 상대의 의도를 파악하는 것은 협상에 있어서 상대를 제압하기 위한 필수적인 과정이다. 미·북 간의 협상과정에서 북한이 보여주고 있는 다양한 행태와 전략들을 이해하고 분석하기 위한 도구로서 게임이론은 빈번하게 사용되고 있다.

게임이론은 전쟁의 억지력을 이해하기 위한 전략이론으로 개발되었다. 국가 간의 갈등상황에서 상대방이 선택한 행동에 대해 어떻게 응수할 것인지를 상대가 알도록 함으로써 상대의 행동을 억지하고자 하는 과정을 이해하기 위해 일종의 게임과 같은 전략적 분석 모델을 적용하게 된 것이다.[2]

게임이론에 대한 기본적인 개념은 18세기에 독일의 수학자 라이프니츠(Gottfried Wilhelm von Leibnitz)에 의해 처음 거론된 것으로 알려져 있다.[3] 이후 초기의 수학적 개념에서 벗어나 전략적 상황을 분석하기 위한 이론으로 체계적으로 개발되기 시작한 것은 미국의 원자폭탄 개발계획에 참여한 것으로 유명한 폰 노이만(John von Neumann)에 의해서이다.[4] 뛰어난 수학자이자 물리학자였던 그는 미국과 소련처럼 상호 신뢰하지 않는 사이에서 발생하는 갈등관계를 분석하기 위한 모델로 게임이론을 개발하였다.[5]

게임이론이라는 용어를 처음으로 사용한 사람은 프랑스의 수학자이자 해군장관이었던 에밀 보렐(Emile Borel)이다. 그는 폰 노이만보다 7년이나 앞선 1921년부터 게임이론에 관한 논문을 발표하였으며 게임이론은 단순한 군사적 상황에서뿐만 아니라 경제적으로도 응용이 가능한 이론이라고 주장했다. 그러나 현대적 개념의 전략적 모델로서의 게임이론을 정립한 학자는 폰 노이만이다. 그는 1928년 '실내 게임이론'이라는 논문을 통해 게임이론을 수학적으로 증명하였다.[6]

게임이론을 이해할 수 있는 가장 단순한 모델은 케이크 나누기이다. 두 명의 아이들에게 하나의 케이크를 나누게 하는 가장 공정한 방법은 먼저 한 아이에게 케이크를 자르게 하고 다른 아이에게 조각을 선택하게 하는 것이다. 크기가 일정한 케이크를 자르는 아이는 크기가 다르게 자를 경우 상대방이 큰 조각을 가져갈 것이라고 예측되기 때문에 최대한 균등하게 자르려고 노력한다. 자른 조각을 선택하는 아이는 자신의 판단으로 양 조각 중에서 조금이라도 더 커 보이는 조각을 선택하고자 한다. 결과적으로 아이들은 자신에게 가장 유리한 선택을 스스로 하게 됨으로써 자신의 선택에

만족하게 된다.

이 사례는 게임이론의 기초가 되는 '최소 최대(minimax principle)'의 원리를 단순하게 보여주는 것으로 이익이 상반되는 관계에서 정확하게 규정되어 있는 갈등에는 언제나 합리적인 해결방안이 존재한다는 것이다.[7] 갈등상황에서 양방은 모두 상대의 행동을 예측하고 상대의 행동에 대한 예측을 바탕으로 자신의 행동을 결정한다. 따라서 양측은 모두 자신에게 손해는 적고 이득은 많은 합리적인 선택을 하게 되는 것이다. '최소 최대'의 원리는 최선의 결과보다는 최악의 결과를 피하고자 하는 합리적인 선택방법을 보여준다.[8]

게임이론과 관련된 개념들 중에서 일반적으로 널리 사용되는 것으로 '제로섬 게임(zero sum game)'을 들 수 있다. 용어에서 알 수 있듯이 제로섬 게임은 쌍방 간의 갈등에서 일방에게의 이익은 다른 일방에게는 손해가 되어 결과적으로 결과의 합은 제로가 된다는 것이다. 양자 간의 승부를 겨루는 대부분의 게임은 제로섬 게임이며 제로섬 게임에서는 쌍방 간의 협력은 존재하지 않는다. 폰 노이만은 제로섬 게임처럼 협력이 불가능한 갈등을 해결하기 위한 단순하면서도 합리적인 해결 방안으로 케이크 나누기와 같은 '최소 최대 원리'를 제안하였다.

케이크를 자르는 사람은 케이크를 선택하는 사람이 큰 조각을 선택할 것을 알고 있기 때문에 자신이 가질 수 있는 가장 큰 조각을 얻기 위해 정확하게 케이크를 이등분하고자 한다. 케이크를 자르는 사람은 자신에게 주어진 최소수량의 크기를 최대화하고자 하는 것이다. 반면 케이크를 받는 사람은 조각 중에서 자신의 판단으로 가장 크다고 여겨지는 조각을 선택하게 된다. 결과적으로 두 사람은 모두 자신의 선택에 만족한 결과를 얻게 되는 것이다.

게임이론은 현실에서 접하게 되는 복잡하고 다양한 갈등 상황을 분석하고 합리적인 해결방안을 찾기 위한 노력에서 출발하였다. 냉전시기 미국과 소련 사이에 발생했던 쿠바 미사일 위기사태는 게임이론이 국제적 갈등

관계를 어떻게 도식화하여 분석하는지를 보여주는 대표적인 사례이다.

쿠바 미사일 위기는 1962년 10월 미국이 쿠바 내 소련 미사일 배치를 확인한 10월 16일부터 소련이 미사일 철수를 발표한 10월 28일까지 총 13일간에 걸친 미·소 간의 대치상황을 말한다.[9] 쿠바 미사일 위기 사례는 게임이론 모델을 사용하여 설명할 수 있다.

1959년 사회주의 국가로 전환한 쿠바는 미국의 공격에 위협을 느끼자 소련에 지원을 요청하였고 소련은 쿠바에 대량의 무기와 병력은 물론 핵미사일 배치를 시작함으로써 위기가 발생하게 되었다.[10] 쿠바에 핵미사일 반입을 용납하지 않겠다고 공언한 미국과 쿠바에 핵미사일 배치를 시작한 소련사이에 게임이 시작된 것이다.

미국은 쿠바의 미사일 제거를 위해 두 가지 방법을 고려하였다. 한 가지 방법은 쿠바의 미사일 제거를 위해 공중폭격과 지상군 투입을 망라하는 쿠바 미사일 기지에 대한 직접적인 공격이었고 다른 또 한 가지 방법은 소련을 설득하고 압박해서 자발적으로 무기 철수를 유도하는 것이었다.

소련은 미국의 대응에 맞서 쿠바에 미사일 기지를 그대로 유지하거나 미국의 제안을 수용하여 미사일을 철수하는 대신 미국에 상응하는 보상조치를 요구한다는 두 가지 선택지를 가지고 미국과 대치하게 되었다.

이러한 양국 간의 대치 상황은 게임이론 모델의 메트릭스를 사용하여 아래의 <표 2-1>과 같이 단순화하여 나타낼 수 있다.

표 2-1 쿠바 미사일 위기 시 미·소 간 대립구도

		미 국	
		철수 설득	공격
소 련	철수	위기해소	미국 승리
	배치	소련 승리	핵전쟁

당시의 대치 상황은 미국이나 소련 어느 한쪽이 일방적으로 승리하는 선택은 불가능해 보였으며 양국이 전쟁을 피하기 위해 타협하거나 핵전쟁에 돌입하게 되는 위험한 상황이었다. 다행스럽게도 양국은 핵전쟁이라는 파멸적 위기상황에 직면하자 타협을 통한 해결방안을 모색하였다. 핵전쟁이라는 극단적인 위험은 피하면서도 서로에게 이득이 될 수 있는 Win－Win 전략을 강구하기 시작한 것이다.

위기상황 속에서 미국과 소련의 정책결정자들은 합리적인 방안을 선택하고자 하였다. 미·소 모두 합리성을 바탕으로 핵 위기를 해결해 나갔다는 측면에서 쿠바 미사일 위기는 게임이론의 분석대상이 될 수 있다.[11] 게임에 참여하는 대상자들이 합리적인 판단능력을 가지고 정책을 결정한다는 전제가 없으면 게임이론은 적용될 수 없기 때문이다.

미국은 대결국면의 강도를 약화시키기 위해 쿠바에 대한 직접적인 공격이 아닌 해상봉쇄라는 저 강도 대응을 실행하면서 소련 측에 쿠바에 대한 불가침 약속과 터키에 배치하고 있는 미국의 핵미사일을 철수시키겠다는 보상안을 제안하였다. 미국은 자신들의 전략변화가 허세나 속임수가 아닌 진지한 제안임을 소련 측에 확인시키기 위해 케네디 대통령의 친동생인 로버트 케네디 법무장관으로 하여금 당시 주미 소련대사였던 도브리닌에게 미국의 입장을 직접 통보하도록 하였다. 미국은 자신들의 변화된 협상 입장을 최종적으로 정확하면서도 단호하게 전달함으로써 협상안에 대한 선택의 책임과 고민을 소련 측에 넘긴 것이다.

미국과 마찬가지로 핵전쟁이 일어날 수도 있다는 공포로 고심하던 소련 측은 쿠바미사일 철수에 대한 보상으로 미국이 터키에 배치하고 있던 핵미사일의 철수를 제안해오자 명분과 실리를 동시에 챙길 수 있다는 판단하에 미국의 제안을 받아들이기로 하고 쿠바에서 미사일을 철수시킴으로써 위기는 해소되었다.

쿠바미사일 위기의 해소는 외형적으로는 미국의 단호한 태도가 결정적인 역할을 한 것처럼 비추어지고 있으나 그 이면에는 소련의 쿠바 핵무기 철수에 대한 미국의 터키배치 미사일 철수라는 보상과 함께 협상 결렬 시에 발생할지도 모르는 핵전쟁에 대한 공포가 주요한 요인으로 작용하였다.

쿠바 미사일 위기 상황은 게임을 벌이는 참가자들이 서로 상대방의 전략을 제대로 이해하고 있어야 합리적인 선택이 가능하다는 게임이론의 속성을 잘 보여주고 있다. 서로의 전략이나 행태에 대한 정확한 이해와 판단이 이루어지지 못하면 갈등을 해결할 수 없을 뿐만 아니라 오히려 갈등을 부추겨 전쟁과 같은 위기상황을 초래할 수도 있는 것이다.

한 사람의 행위가 다른 사람의 행위에 영향을 미치는 전략적 상황에서 이루어지는 의사결정 과정을 연구하는 게임이론은 게임 참가자들이 상대방의 반응을 충분히 고려하여 의사결정을 하는 합리적 행위자라는 전제를 특징으로 하고 있다. 합리적 행위자라는 전제가 없을 경우 상대방의 행동을 예측한다는 것이 사실상 불가능하기 때문이다.

게임이론에서는 게임의 종류를 게임 참가자들의 협조여부에 따라 '협조적 게임'과 '비협조적 게임'으로 구분한다. '협조적 게임'은 게임 참가자들이 구속력 있는 계약에 대한 합의를 기본 전제로 하고 있는 반면 '비협조적 게임'은 구속력 있는 규칙이 없는 상태에서 게임 참여자들이 자신의 이익만을 추구하는 것이다. 국가 간의 관계를 분석하는 국제정치학에서는 국제사회를 규칙이 존재하지 않는 무정부상태로 보고 있기 때문에 대부분 '비협조적 게임'을 적용하고 있다. '치킨 게임'과 '죄수의 딜레마 게임'은 대표적인 '비협조적 게임' 모델이라 하겠다.[12)]

게임이론은 표현 방식에 따라 메트릭스 행렬(payoff matrix)을 사용하여 게임 참가자가 동시에 행동을 선택하는 '정규형 게임모델'과 나무형태의 게임트리(game tree)를 사용하여 상대의 선택을 보고 자신의 행동을 결정하는 '전개형 게임모델'로 구분하기도 한다.[13)]

게임이론은 협상 상황에서 참가자들이 상호작용을 통해 각자의 전략적 선택을 바꾸어 가는 과정을 분석하고 상대의 행동에 대한 예측을 바탕으로 자신의 전략을 선택하도록 도와주는 유용한 분석의 틀이라 하겠다.[14)] 또한,

게임이론의 적용을 통해 국가 간의 복잡한 갈등 상황을 단순화하여 표시함으로써 갈등의 핵심적인 내용을 이해하기 쉽도록 설명해준다는 장점을 가지고 있다.

벼랑 끝 전략을 논하면서 가장 많이 등장하는 이론이 치킨게임(Chicken Game)이론이다. 벼랑 끝 외교는 "상대방의 양보를 기대하며 확고한 태도를 취하는 치킨게임"이라고 정의되기도 한다.[15] 게임에 참가하는 양 당사자가 무모해 보이는 대결을 벌이는 치킨게임은 위협적인 상황을 조성하여 상대방을 압박한다는 점에서 벼랑 끝 전략과 가장 유사한 속성을 가지고 있는 분석 모델이라고 평가되고 있다.

치킨게임은 직선 도로에서 두 대의 자동차가 서로 마주보고 상대를 향해 달려가며 용기를 시험하는 게임으로 게임 참가자는 서로 간의 거리가 가까워질수록 상호 파멸적인 상황에 처하게 되는 것이다. 먼저 차선을 이탈하는 사람은 치킨(겁쟁이)이라고 놀림을 받게 되고 끝까지 무모한 돌진을 계속한 측은 승자가 되는 것이다. 치킨(Chicken)이라는 단어는 미국 10대들 사이에서 겁쟁이를 말하는 은어에서 비롯된 것으로 치킨게임은 일명 '겁쟁이 게임'이라고도 불린다.

치킨게임은 1950년대 미국에서 제작된 영화 '이유 없는 반항(Rebel Without a Cause)'에서 10대 청소년들이 자동차를 몰고 벼랑 끝까지 돌진하는 것으로 용기를 시험하는 장면으로 일반인들에게 알려지게 되었다.[16] 이후 쿠바 미사일 위기 시 미국과 소련의 극단적인 대치상황을 설명하는 용어로 치킨게임이 인용되기 시작하면서 국제관계에서 타협의 여지가 보이지 않는 양국 간의 첨예한 대결구도를 지칭하는 비유적 개념으로 자주 언급되기 시작했다.

미국과 소련 사이에 핵개발 경쟁이 치열하게 전개되던 1950년대 미국이 핵무기를 배경으로 상대 국가를 강하게 압박하는 벼랑 끝 전략(Brinkmanship) 정책을 채택하면서 치킨게임은 냉전시대 강대국의 대표적인 강압전략으로 부각되었다.[17] 벼랑 끝 전략이라는 개념은 사실 핵무기를 보유한 강대국의 외교전략에서 시작된 것이라고 하겠다.

표 2-2 메트릭스 행렬로 표현한 치킨(겁쟁이)게임

		운전자(A)	
		피하기	직진하기
운전자 (B)	피하기	양측 생존	A승, B겁쟁이
	직진하기	B승, A겁쟁이	양측 충돌

치킨게임에서 최선의 결과는 자신은 그대로 직진하여 용기를 과시하고 상대는 충돌을 피하려고 운전대를 돌려 겁쟁이가 되는 것이다. 그러나 한편으로는 겁쟁이가 되는 것이 두 사람 모두 직진하여 충돌하는 최악의 상황보다는 나은 선택이 될 수 있다. 물론 양쪽 모두 운전대를 돌려 충돌을 피하는 것도 최악의 선택을 피하는 방법이다. 그럴 경우 어느 쪽도 승리한 것은 아니지만 대신 어느 누구도 겁쟁이로 불리지는 않기 때문이다.

치킨게임의 핵심은 상대의 의도를 파악하는 것이다. 게임 참가자는 상대를 이기기 위해 상대의 행동과 반대되는 행동을 하고자 한다. 상대가 피하고자 한다는 것을 알았다면 직진을 선택할 것이고, 상대가 직진을 고집할 것을 알았다면 피할 것이다. 똑같이 직진을 고집하여 충돌하는 것은 겁쟁이가 되는 것보다 참혹한 결과가 되기 때문이다. 상대방의 일방적인 양보가 최선의 결과가 되고 양쪽 모두 양보하지 않을 경우가 충돌이라는 최악의 결과가 된다. 자신만이 양보할 경우에는 겁쟁이라는 비난은 받지만 극단적인 상황은 면할 수 있다.

치킨게임에서 양보를 선택하는 쪽은 배짱이 부족하거나 잃을 것이 많다고 생각하는 사람이 되는 것이다. 극단적인 상황을 전제로 하는 치킨게임에서 상대를 제압하기 위해서는 먼저 공격하여 자신의 의도를 강력하게 보여주는 것이 유리하며 사생결단의 자세가 필요하다고 하겠다.[18]

합리적인 의사결정을 전제로 하는 게임이론의 속성과는 달리 치킨게임에서는 비합리적인 상대가 유리한 상황이 되기도 한다.[19] 게임에서 이기기 위해 비합리적인 선택을 하는 게임 참가자는 자신이 술에 취해 이성적인 판단을 하지 못한다는 것을 상대에게 알리거나 운전대를 뽑아 창밖으로 던져 자신에게 선택의 여지가 없다는 것을 보여준다. 상대가 선택의 여지가 없다는 것을 안 순간부터 또 다른 게임 참가자는 일방적인 양보나 충돌이라는 파멸적인 상황 중에서 선택해야만 하는 압박감을 느끼게 된다. 압박감을 느끼는 순간 승패는 결정 난 것이나 마찬가지이다.

미국을 상대로 벼랑 끝 전략을 펼치고 있는 북한의 행태는 종종 치킨게임에 비유되곤 한다. 북한은 미국정부와 미국 국민들에게 북한 정권은 전쟁도 두려워하지 않는 예측할 수 없고 미치광이와 같은 비합리적인 존재라는 인식을 심어줌으로써 양보를 얻어내 온 것이다.[20] 합리적인 사고를 하는 사람의 입장에서 비합리적인 상대를 제압한다는 것은 매우 어려운 과제일 수밖에 없다.

치킨게임에 나타나는 비합리적인 행동들은 상대가 그러한 행동을 믿어줄 때 효과를 발휘한다. 상대가 비합리적인 행동의 의지를 인식하지 못하거나 비합리적인 행동을 선택하는 이유를 간파할 경우에는 오히려 자신이 파멸적인 결과를 맞을 수도 있기 때문이다.

치킨게임은 게임 참가자들이 선택에 따라 얻게 되는 득실의 크기를 숫자로 표기하여 각자가 받게 되는 보수로 나타내는 보수행렬(payoff matrix)을 사용하여 표시할 수 있다.[21] 게임 참가자들의 득실은 편의상 3(일방승리), 2(양쪽 모두 피하기), 1(일방만 피하기), 0(충돌)로 표시하여 명확한 비교를 가능하게 하였다.

표 2-3 보수행렬로 표현한 치킨게임

		A	
		피하기(C)	직진(D)
B	피하기(C)	2(CC), 2(CC)	1(CD), 3(DC)
	직진(D)	3(DC), 1(CD)	0(DD), 0(DD)

출처: 김재한, 『게임이론과 남북한 관계: 갈등과 협상 및 예측』 (서울: 한울아카데미, 1996), p.12.를 참고하여 저자가 재정리

양측은 가장 큰 보수인 3점을 얻기 위해서는 직진(D)을 선택해야 한다. 하지만 양측 모두 직진(D)를 선택할 경우 충돌이라는 최악의 결과로 가장 낮은 보수인 0점을 받을 수 있다. 따라서 게임 참가자들은 가장 큰 보수를 얻기 위해서는 사생결단의 각오와 배짱을 가지고 상대를 압도하겠다는 자세로 게임에 임해야 하는 것이다.

게임이론에서 비협조적인 국제관계를 설명하기 위해 사용하는 이론 중 다른 하나는 '죄수의 딜레마(Prisoner's Dilemma) 게임'이다. 죄수의 딜레마 게임은 1950년 5월 스탠퍼드대 교수였던 앨버트 터커가 게임이론을 일반인들에게 쉽게 설명하기 위하여 만들어 낸 비유적 이야기에서 유래되었다.[22]

죄수의 딜레마 게임은 공범으로 경찰에 체포된 두 명의 범죄자를 분석의 대상으로 삼는다. 두 범죄자는 서로 연락을 할 수 없도록 각각 별도의 방에 감금된 상태이며 경찰은 이들의 혐의를 입증하기 위해 상대방의 범죄행위를 증언해 주는 사람은 석방시켜 주겠다는 협상안을 제안한다. 두 명의 범죄자는 서로를 신뢰할 수 없고 소통할 수도 없는 상황에서 자신이 풀려나기 위해 상대방의 범죄행위를 증언하게 된다. 결과적으로 두 명의 범죄자는 서로의 범죄행위를 증언함으로써 벌을 나누어 받게 되는 것이다.

범죄자는 자신만 침묵할 경우 모든 죄를 혼자 뒤집어써 중벌을 받을 수 있으나 상대방의 범죄를 증언하면 석방되거나 감형을 받을 수 있기 때문에

상대방의 범죄를 증언하게 된다. 두 범죄자 모두 침묵할 경우와 같이 석방될 수 있는 상황을 기대하기에는 위험부담이 너무 높기 때문에 이런 결과가 발생한다는 것이다.

표 2-4 메트릭스 행렬로 표현한 죄수의 딜레마 게임

		범죄자(A)	
		침묵	상대 범죄증언
범죄자 (B)	침묵	1년, 1년	A(석방),B(3년)
	상대 범죄증언	B(석방),A(3년)	2년, 2년

죄수의 딜레마 게임은 상호 소통이 가능하거나 게임 횟수가 증가하면 결과가 달라지는 특징을 가지고 있다. 두 범죄자들이 자신들에게 가장 유리한 선택보다는 최악의 상황을 피하기 위한 불리한 선택을 하는 것은 상대에 대한 불신과 함께 불신을 해소할 수 있는 상호 소통이 차단되어 있기 때문이다. 단 한 번으로 끝나버리는 일회성 게임과는 달리 같은 게임이 반복되거나 의사소통이 가능해지면 죄수들은 자신들에게 가장 유리한 선택이 무엇인지를 알게 된다.

죄수의 딜레마 게임과 같은 비협력적 게임 모델에서 중요한 개념이 '내쉬균형(Nash Equilibrium)'이다. 내쉬균형은 1950대 프린스턴대학 교수였던 존 내쉬가 고안한 개념으로 게임 참가자들이 서로 협력하지 않는 죄수의 딜레마 게임 같은 상황에서 각각의 참여자들은 상대방의 선택이 주어졌을 때 자신 혼자만 전략을 바꾸어서는 이득을 얻을 수 없고 모든 참가자들의 선택이 다른 참가자들의 선택에 대한 최선의 결정이 되는 상황이 되도록 선택하는 것을 말한다.[23] 죄수의 딜레마 게임에서 죄수들은 모두 자신의 이득을 위해 상대를 배신하고 범죄를 증언하는데 이러한 상황은 어느 한 명만의 선택이 아닌 참가자 모두가 같은 선택을 하는 것이며 이러한 선택이

이루어지는 상황을 내쉬균형 이라고 한다.

죄수의 딜레마 게임도 참가자가 얻을 수 있는 보수의 크기를 3(석방), 2(1년형), 1(2년형), 0(3년형)으로 표기하여 보수행렬로 표현할 수 있다.[24]

표 2-5 보수행렬로 표현한 죄수의 딜레마 게임

		A	
		피하기(C)	직진(D)
B	피하기(C)	2(CC), 2(CC)	1(CD), 3(DC)
	직진(D)	3(DC), 1(CD)	0(DD), 0(DD)

출처: 김재한, 『게임이론과 남북한 관계: 갈등과 협상 및 예측』 (서울: 한울아카데미, 1996), pp.11－12.를 참고하여 저자가 재정리

게임 참가자인 범죄자들은 침묵할 경우 모두 2점(1년형)을 획득할 수 있지만 상대방이 증언할 경우 자신만 0점(3년형)을 받을 수 있기 때문에 상대를 모두 배신하고 각각 1점(2년형)을 받게 된다. 치킨게임에서는 참가자 모두가 상대를 불신할 경우 0점(충돌)이라는 최악의 점수를 받는 데 반해 죄수의 딜레마 게임에서는 참가자 모두가 상대를 배신할 경우 1점(2년형)이라는 점수를 받아 최악의 상황은 피할 수 있다는 점에서 차이가 있다. 치킨게임에서는 상대에 대한 불신이 최악의 결과를 가져올 수 있지만 죄수의 딜레마 게임에서는 오히려 최악의 결과는 피할 수 있게 해주는 것이다.

게임모델은 국가 간의 갈등관계를 단순화하여 갈등의 대상을 명확하게 보여준다는 점에서 매우 유용한 분석의 틀이라 하겠다. 하지만 다양한 요인들이 복잡하게 얽혀있는 현실의 국제정치에서 양국 간의 대립이나 갈등의 원인을 게임모델처럼 명확하게 도출해내는 것은 매우 어려운 작업이다.

치킨게임이나 죄수의 딜레마 게임 모델을 북한의 대외전략을 분석하기

위한 틀로 사용하기 위해서는 북한의 입장과 전략에 대한 면밀한 검토가 필요하다. 북한과 미국의 대립상황이 벼랑 끝 전략을 구사하는 치킨게임과 같은 상황인지 아니면 상대방에 대한 불신으로 최악의 상황을 피하기 위한 선택을 하는 죄수의 딜레마 게임과 같은 상황인지를 파악해야 적합한 분석 모델의 적용이 가능하기 때문이다.

강압외교이론

강압외교(Coercive Diplomacy)는 국제정치에서 강대국이 군사적 능력을 바탕으로 상대를 압박하여 이미 발생한 특정 사태의 중단이나 철회를 강요하는 외교 전략이라고 정의할 수 있다.[25] 강압외교가 성공하기 위해서는 군사적인 우세는 물론 외교적인 능력이 필요하기 때문에 강압외교는 강대국들의 전략으로 여겨져 왔다. 그러나 북한의 경우 약소국임에도 불구하고 미국을 상대로 수십 년 동안 강압전략을 구사하여 외교적 성공을 거둔 독특한 사례로 평가되고 있다.

군사적 능력과 정치적 결단을 전제로 한다는 점에서 강압외교는 북한의 벼랑 끝 전략과 맥을 같이하는 전략이다. 벼랑 끝 전략에서도 군사력을 사용하여 위기를 조성하고 상대를 압박하는 방법을 사용하고 있는 만큼 벼랑 끝 전략은 일종의 강압외교라고 분류할 수 있다. 북한이 푸에블로호 나포, 판문점 도끼만행, 북핵 위기 등과 같은 무력도발과 위협으로 미국의 양보와 경제적 지원을 이끌어 낸 것은 북한의 독특한 강압외교의 결과라고 해석된다.[26]

강압외교이론은 토마스 셸링에 의하여 제시되었다. 셸링은 강압이라는 개념을 "상대의 행동에 영향을 주기 위한 힘이며 상대방이 요구를 수용하면 이익을 얻을 수 있으나 요구를 거부하면 피해를 본다는 것을 상대에게 알려주는 것"이라고 정의하였다.[27] 또한, 셸링은 "강압은 강제(Compellence)와 억지(Deterrence)[28]를 모두 포괄하는 개념이며 강압외교는 공세적인 위협을 통해 효과를 달성할 수 있다."고 설명하였다.29) 강제는 상대방이 이미 하고 있는 행동을 철회하거나 다른 행동을 하도록 강요하는 것인 반면 억지는 아직 일어나지 않은 행동을 하지 못하도록 억누르는 것으로 개념을 구분할 수 있다.30)

그림 2-1 강압전략 개념의 분류

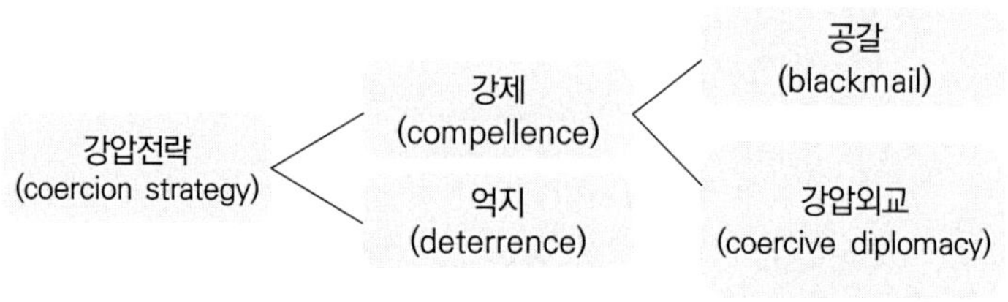

출처: 정성윤, "북한의 대외·대남 전략 구상의 특징과 결정요인: 북핵문제와 강압전략을 중심으로,"
『한국과 국제정치』 제35권 1호(경남대극동문제연구소, 2019), p.5.

강압전략에서 강제는 현재 이미 발생한 상황을 수습하기 위한 후속적 행동인 반면 억지는 앞으로 발생할 것이 예상되는 행동을 하지 못하도록 사전에 예방하는 선제적 행동이라 하겠다. 상대가 특정한 행동을 하도록 강요하는 강제는 상대방에게 시간적 제한을 가함으로써 효과를 극대화하고자 시도한다. 북한이 미국을 상대로 벼랑 끝 전략을 전개하면서 협상 시한을 촉박하게 설정하여 상대를 압박하는 것도 일종의 강제라고 할 수 있다.

강압전략의 일환인 강제는 '공갈'과 '강압외교'로 구분된다. '공갈'은 실제 행동은 하지 않고 공격적인 태도로 상대를 위협하는 것에 중점을 두는 반면 '강압외교'는 위협적인 언행을 하면서도 동시에 상대를 협상으로 유도하고자 하는 의도를 보여주는 것이며 위기가 고조되기 전에 외교적 해결을 중시하는 전략이다.31) 강압외교는 전통적인 군사전략과는 달리 무력사용을 전제로 하지 않으며 군사력의 사용 가능성만을 암시하여 상대방의 대응 의지에 영향을 미치는 데 중점을 둠으로써 결과적으로 협상을 유도하는 외교적인 전략의 성격을 가지고 있는 것이다.[32)]

그러나 현실에서는 강압외교 과정에서 강제와 억지가 혼재되어 나타나는 경우도 많기 때문에 명확한 개념 분류는 사실상 어려우며 군사력 사용을 위협 수단으로 사용하여 위기를 조성한 후 상대로부터 양보를 얻어내는 것을 목적으로 하는 외교 전략을 통칭하는 개념으로 보아야 한다.

강압전략에서의 공갈은 냉전시기 북한이 군사적 자신감을 바탕으로 한 공세적 벼랑 끝 전략에서 찾아볼 수 있었던 개념인 반면 강압외교는 냉전 이후 체제생존 목적의 협상을 유도하기 위해 수세적으로 벼랑 끝 전략을 시도하는 북한의 전략과 유사한 개념이라고 하겠다. 강압외교에서의 군사력은 실제사용이 아닌 군사적 위협의 수단이라는 점에서 북한의 핵개발을 무기로 한 벼랑 끝 전략은 강압외교의 일종이라고 분류할 수 있다. 북한과 같은 약소국은 군사적 승리가 아닌 외교적 이득을 얻기 위해 강압을 사용하는 것이며 북한도 미국을 상대로 협상을 실현시킬 목적으로 벼랑 끝 전략을 전개하고 있는 것이다.

셸링의 강압외교 이론은 알렉산더 조지(Alexander L.George)에 의하여 구체화되었다. 조지는 강압외교를 "상대국이 이미 시작한 군사적 침략행위를 철회하거나 원상회복을 하도록 군사적으로 위협하는 것"이라고 정의하였다.[33)] 강압외교는 상대방에 대한 군사적 승리를 목적으로 하는 강압이나 상대방이 아무런 의도를 보이지 않고 있는 상황에서 공격적으로 상대를 위협하여 행동을 강요하는 공갈과는 달리 수동적인 개념이다.[34)]

알렉산더 조지는 강압외교가 성공하기 위해서는 상대방으로 하여금 요구를 수용하는 것이 이득이며 요구를 거부할 경우에는 심각한 타격을 입게 된다는 믿음을 심어주는 것이라고 주장했다. 동시에 강압외교는 상대방이 현 상황을 변화시키려고 시도하는 것에 대한 방어적 성격의 전략이며 상대방에게 행동을 중단하거나 이미 시행중인 행동을 철회하거나 또는 정부의 성격 자체를 바꾸도록 설득하는 세 가지 방어적 목표를 추구한다고 분석하고 강압외교의 변형된 방안으로 최후통첩과 암묵적 최후통첩, 점진적인 압박, 압박 시도 후 상황 주시 등을 제시했다.35)

또한, 그는 강압외교를 성공시키기 위해서는 상대방으로 하여금 강압외교를 전개하는 의도의 비대칭성과 함께 적절한 유인 조치를 인식하도록 하고, 요구에 따를 수밖에 없도록 긴박한 상황을 조성하는 한편 요구에 따르지 않을 경우 전쟁이 일어날 수도 있다는 두려움을 심어주는 것이 필요하다고 강조했다.36)

강압외교를 연구한 학자들은 공통적으로 강압외교가 성공하기 위해서는 군사력의 압도적인 우세 등과 같은 현실적인 능력, 전략 시행에 대한 확실한 신뢰성, 요구에 따를 경우에 수반되는 적절한 유인책 등이 뒷받침되어야 한다고 주장한다.37) 그러나 강압외교는 당사국만의 일방적인 전략이 아니라 상대방의 대응과 안보환경의 변화에 따른 다양한 변수까지 고려해야 하는 현실적인 어려움으로 인해 기대한 만큼의 결과를 얻기가 쉽지 않다는 한계를 내포하고 있다.

일부 연구자들은 강압외교가 미국과 같이 압도적인 군사적 능력과 외교력을 가지고 있는 강대국들의 외교 전략이라고 전제하고 있다. 하지만 비대칭적인 분쟁에 있어서는 북한과 같은 약소국가가 강대국을 상대로 전쟁과 같은 위기상황을 조성하여 압박을 가하는 것도 가능하다고 설명하고 있다. 다만 약소국들은 강대국들과는 달리 군사적 승리가 아니라 정치적이거나 외교적인 이득을 목적으로 하고 있다는 점에서 강대국들이 구사하는 강압외교와는 구별된다고 분석하였다.38)

분석의 틀

북한이 미국을 상대로 한 협상에서 벼랑 끝 전략은 북한을 상징하는 대외전략으로 인식되어 왔다. 북한은 한국전쟁이후 수십 년 동안 미국을 상대로 벼랑 끝 전략을 시도하여 상당한 성과를 거둔 것으로 평가받고 있으며 현재까지도 북한의 유용한 전략으로 활용되고 있다. 벼랑 끝 전략의 속성이 위기를 조성하여 상대를 위협하는 전략이라는 관점에서 볼 때 군사력을 배경으로 위협적인 언사와 촉박한 협상시한을 활용하여 상대를 압박하는 강압전략은 본질적으로 유사성을 가지고 있는 개념이다. 일반적으로 강압전략은 강대국이 사용하는 전략으로 알려져 있으나 북한의 벼랑 끝 전략은 약소국이 강대국을 상대로 강압전략을 구사한 매우 특이한 사례라고 하겠다.

북한의 벼랑 끝 전략은 군사력을 사용한 위협 전략이라는 점에서 강압외교이론의 적용이 가능하다. 북한이 핵무기 개발과 같은 군사적 위협으로 위기를 조성하여 미국과의 협상을 추구한다는 점에서 강압외교이론은 벼랑 끝 전략 분석의 틀로 활용할 수 있다.

북한은 군사적 자신감 과시나 내부적 단결, 경제적 지원확보라는 대내적 목적과 미국과의 직접협상이라는 대외적 목적을 위해 벼랑 끝 전략을 시도하고 있다. 북한의 벼랑 끝 전략은 군사적 위협을 통해 위기를 조성하고 상대로부터 양보를 얻어내고자 한다는 점에서 치킨게임과 유사하며 전략전개 과정에서 강압적 수단을 사용하고 있어 게임이론과 강압외교이론을 적용하여 분석할 수 있다.

게임이론과 강압외교이론을 적용하여 벼랑 끝 전략을 분석하기 위한 연구의 틀은 <그림 2-2>와 같이 도식화할 수 있다.

그림 2-2 북한 벼랑 끝 전략 분석 틀

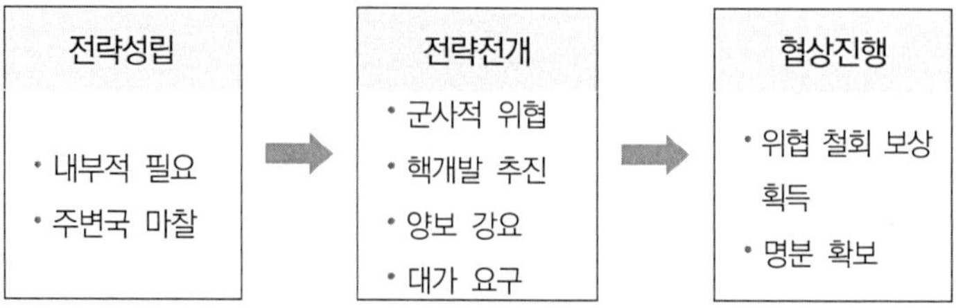

2. 벼랑 끝 전략에 대한 이해

벼랑 끝 전략의 개념

북한이 2022년 1월 중순 4차례에 걸친 탄도미사일 발사 후 개최한 「당 중앙위 제8기 제6차 정치국회의」에서 김정은 국무위원장이 미국의 적대시 정책과 군사적 위협에 맞서기 위해 보다 강력한 물리적 수단들을 강화 발전시키기 위한 국방정책 과업들을 지시했다는 내용이 알려지자 국내 언론 매체들은 북한이 핵실험이나 ICBM 발사와 같은 벼랑 끝 전략을 재개할 것이라고 분석하였다.

이러한 분석에 대해 '조총련' 기관지인 『조선신보』는 2022년 1월 22일 "정치국 회의의 결정 사항을 핵실험과 ICBM 시험발사를 진행하던 2017년으로의 회귀 따위로 간주하고 조선이 미국의 관심을 끌기 위해 '벼랑 끝 전술'을 쓴다고 본다면 그것은 오판"이라고 주장했다.[39] 북한 입장을 대변해 온 『조선신보』의 주장은 벼랑 끝 전략에 대한 북한지도부의 인식을 제대로 보여주고 있다. 자신들의 전략적 선택이 무모한 벼랑 끝 전략으로 해석되는 것을 정면으로 거부하고 있는 것이다.[40]

벼랑 끝 전략은 북한이 체제생존을 유지하고 미국과의 협상에서 우위를 확보하기 위한 전략의 일환으로 이해되어 왔다.[41] 벼랑 끝 전략은 북한의 핵개발이나 미사일 시험 등 무력도발이 있을 때마다 북한의 행동을 분석하는 틀이자 북한 대외전략의 상징처럼 여겨지고 있다.

상대방에 대한 위협과 위기조성을 내포하고 있는 벼랑 끝 전략은 위협전략, 위기조성 전략, 맞대응 전략, 배수진 전략, 무모한 치킨게임 전략 등 다양한 용어로 이해되고 있어 정확한 개념에 대한 정의가 필요하다. 본 책에서는 원만한 서술 전개의 필요상 특별한 개념적 구별이 필요한 경우를 제외하고는 '벼랑 끝 전략'이라는 용어로 통일하였다.

벼랑 끝 전략(Brinkman ship)의 개념에 대한 다양한 견해들을 종합해 볼 때 벼랑 끝 전략은 '스스로도 통제할 수 없는 위기상황이 발생할 수 있음을 상대방에게 인식시켜 공포심을 자극하고 이러한 공포심을 통해 상대방에게 양보를 강요함으로써 자신이 원하는 이득을 획득하기 위한 전략'이라고 정의할 수 있다. 또한, 상대방의 공포심은 전쟁 발발의 위기상황을 조성함으로써 극대화 할 수 있다. 벼랑 끝 전략을 펼치는 당사자는 자신도 통제할 수 없는 것처럼 보이는 전쟁과 같은 극단적인 위기상황을 의도적으로 만들어 낸 후 자신은 그러한 위험을 감수할 각오가 되어 있다는 것을 보여줌으로써 상대방을 극도의 공포상태로 몰아넣어 위협하는 것이다. 이러한 속성을 가진 벼랑 끝 전략은 공포를 통해 상대방에게 양보를 강요한다는 점에서 일종의 치킨게임이라고 할 수 있다.

한편, 벼랑 끝 전략은 군사적 위협을 전제로 한다는 점에서 상대방이 전략적 의도를 잘못 해석할 경우 전쟁으로 비화할 수도 있는 위험한 전략이라고 하겠다. 북한이 미국을 상대로 벼랑 끝 전략을 시도한 푸에블로호 나포, 8.18 판문점도끼만행, 북핵 위기 당시 한반도에서의 전쟁발발 가능성이 극도로 높아졌다는 사실은 벼랑 끝 전략이 내포하고 있는 위험성을 보여주는 것이었다.

북한이 그동안 사용해온 벼랑 끝 전략은 상대방에 대한 위협적 행동의 강도에 따라 '경성 벼랑 끝 전략(Hard-Brinkmanship)', '연성 벼랑 끝 전략

(Soft-Brinkmanship)' 으로 분류할 수 있다.[42] 일반적으로 대화국면에서는 협상의 틀을 유지하면서 상대방으로부터 양보를 얻어내기 위해 위협의 강도가 낮은 연성전략을 사용하고, 갈등국면에서는 전쟁까지도 불사하겠다는 단호한 의지와 강력한 위협을 보여줌으로써 자신이 원하는 결과를 얻어내기 위해 경성전략을 사용한다.

벼랑 끝 전략을 상황에 따라 구분할 수 있다는 것은 북한의 벼랑 끝 전략이 무모하거나 예측 불가능한 것이 아니라 주변정세와 상대의 반응에 따라 신중하게 선택한 판단의 결과라는 것으로 이해할 수 있다.

협상전략으로서의 벼랑 끝 전략은 무조건적인 요구, 허세, 위협, 촉박한 협상시한 설정 등으로 특징지어지며 일방적인 요구를 한 후 받아들이지 않으면 협상을 그만두겠다는 위협도 전형적인 벼랑 끝 전략의 한 방법이라 하겠다.[43] 북한이 이렇게 무모한 전략을 사용할 수 있는 이유 중 하나로 악명효과(reputation effect)를 들기도 한다.[44] 악명효과 또는 악명 유지전략은 상대에게 비합리적인 행위자로 인식되면 될수록 더 큰 양보를 얻어낼 수 있다는 전략이다.[45] 약소국인 북한은 미국에게 비합리적인 존재로 인식되는 것이 유리하다. 미국은 비합리적인 선택을 하는 북한의 전략을 예측할 수 없을 때 위기상황을 해소하기 위한 방편으로 양보를 선택해 왔다. 북한은 자신들이 무모한 집단이라는 악명을 유지하기 위해 소규모의 군사도발과 같은 무력도발 행위를 지속해 왔다.[46] 북한 지도부는 미국의 양보를 얻어내기 위해 교모하게 비합리성을 가장함으로써 최소한의 노력으로 상대방의 행동을 억지하는 전략적 효과를 거두고자 하였다.

벼랑 끝 전략의 효과와 관련하여 북한은 냉전초기 벼랑 끝 전략으로 미국으로부터 상당한 양보를 얻어냈다. 하지만 유사한 형태의 전략이 반복됨에 따라 효용성이 약화되고 있는 것은 물론 예상하지 못한 결과를 초래하기도 하였다. 벼랑 끝 전략이 반복될수록 상대방은 내성이 생겨 위기상황이 어느 정도로 심각한지에 대한 감각을 상실하게 된다.[47] 이러한 상황은 실제적인 위협을 무시하게 함으로써 전쟁과 같은 파국적인 결과를 불러올 수도 있다. 벼랑 끝 전략이 내포하고 있는 본질적인 위험은 터무니없는 위협이 반복되면서 위협의 실제 원인에 대한 오판이 불러오는 위기상황의 증폭인 것이다.[48)]

북한의 협상행태를 연구한 학자들은 벼랑 끝 전략에 대응하기 위해서는 북한과의 협상에서 극적인 진전을 기대하지 말고, 북한의 언급들을 현실과 혼동하여 그대로 믿어서는 안 되며 북한이 위기상황을 조성하려 할 경우에는 확실한 제재와 맞대응전략으로 대처하되 엄청난 인내가 필요하다고 강조했다.[49)]

북한은 벼랑 끝 전략을 통해 미국으로부터 일방적인 양보를 얻어 낸 것으로 인식되고 있으나 사실 북한의 벼랑 끝 전략은 미국의 대북 협상경험이 축적됨에 따라 효과를 상실해 가고 있다. 1차 북핵 위기 당시 북한의 벼랑 끝 전략은 미국이 북한 지역에 대한 폭격을 검토하는 맞대응 전략을 초래하였다. 『제네바 합의』가 북한의 주장처럼 일방적 승리의 결과물인지에 대해서는 검토가 필요하다.[50)]

북한이 벼랑 끝 전략을 빈번하게 사용하고 있는 원인은 북한체제의 특수성에서 찾을 수 있다. 벼랑 끝 전략은 전쟁이라는 국가적 위기상황까지 감수해야 한다는 점에서 쉽게 시도할 수 없는 전략이다. 반면 북한은 강력한 '유일지배체제' 확립으로 최고지도자가 별다른 제약없이 위험한 의사결정을 할 수 있는 특수한 정치구조를 가지고 있다. 이러한 특수성은 북한이 벼랑 끝 전략을 반복할 수 있는 배경으로 작용하고 있다.

반복적인 행태의 지속으로 의도가 노출되고 있는 벼랑 끝 전략은 북한 스스로도 자신들의 전략이 아니라고 부인하고 있는 실정이지만 그동안 벼랑 끝 전략을 통해 얻은 전략적 이득의 경험을 가지고 있는 북한의 입장에서 벼랑 끝 전략은 여전히 유용한 전략임에 틀림없다.

벼랑 끝 전략과 배수진

벼랑 끝 전략과 유사한 개념으로 종종 배수진 전략이 거론된다. 배수진 전략은 전쟁에서 강을 뒤로 하고 진지를 구축하여 아군과 적 모두에게 결사항전의 의지를 보여줌으로써 승리를 쟁취하고자 하는 전략으로 벼랑 끝 전략을 설명할 때 종종 등장하는 용어이다.

배수진은 중국 한나라 때 한고조(유방)를 도와 나라를 세운 한신이 펼친 전법에서 유래된 용어로 한나라 군대를 이끌던 한신은 당시의 병법과는 반대로 물을 등지고 병력을 배치하는 '배수진'을 치고 병사들을 결사항전토록 독려하여 승리를 거두었다.[51] 배수진은 물러설 수 없는 막다른 상황을 만들어 결사적으로 맞서 싸우게 하는 전략인 것이다.

북한이 미국을 상대로 전쟁까지도 불사하는 협상전략을 구사하는 것에 빗대어 북한의 벼랑 끝 전략은 배수진과 비슷하다고 평가되곤 한다. 하지만 배수진은 내부적으로 위기감을 고조시켜 강한 결속력과 의지를 불어 넣어 스스로 싸울 각오를 다지게 하는 것인 반면 벼랑 끝 전략은 위기상황이 확대되는 것을 상대방에게 강요하여 양보를 얻어내는 전략이라는 점에서 배수진과는 본질적인 차이를 가지고 있다고 하겠다.

배수진과 같은 전략은 서양의 전쟁사에서도 자주 등장하는 개념이다. 8세기 이슬람의 장군인 타릭 이븐 자야드는 북아프리카의 지브랄타 해협을 건너 지금의 스페인과 포르투갈을 침략하면서 해협을 건너온 자신들의 배를 모조리 불태워버렸다. 이러한 방법으로 그는 단시간에 두 국가를 점령하였다.[52] 또한, 16세기 멕시코의 아즈텍 제국을 정복한 스페인의 에르난 코르테스는 멕시코에 도착하자마자 자신들이 타고 간 선박들을 침몰시키고 병사들을 독려하여 아즈텍 제국을 정복했다.[53] 돌아갈 선박을 침몰시켜 위기감을 극대화시킨다는 점에서 두 사례는 배수진 전략과 유사하다. 이러한 전략을 서양에서는 강을 건너온 후 다리를 불태워 버린다는 의미에서 "다리 불태우기(Burning The Bridge Behind)" 전략이라고 부른다.[54]

배수진 전략이 우리에게 익숙한 것은 임진왜란 당시 신립장군이 충주의 탄금대에서 왜군을 상대로 펼친 전략으로 알려져 있기 때문이다.[55] 신립장군은 병사들에게 사생결단의 투지를 불어넣기 위해 배수진을 선택하였으나 조총을 가진 왜군과의 현격한 군사력 차이는 투지만으로는 극복할 수 없는 것이었다.[56] 상황을 제대로 파악하지 못한 채 시도되는 배수진은 참담한 결과를 초래할 수 있는 것이다.

배수진이 성공을 거두기 위해서는 극단적인 상황을 조성하여 아군들에게 죽음을 각오하고 싸우도록 의지를 불어넣는 것만으로는 승리를 장담할 수 없다. 기존의 병법과는 전혀 다르고 자칫 무모해 보이기까지 하는 전술을 펼침으로써 적군들이 방심하고 대비를 소홀히 하도록 만드는 적절한 유인 전략으로써 효력이 발생해야 원하는 결과를 만들어 낼 수 있다.

한신이 물을 등지는 배수진을 치자 적군들은 당시 병법에는 산을 등지고 물을 앞에 두라고 했는데 한신은 병법과는 전혀 반대로 진을 치고 있다면서 병법을 전혀 모르는 자라며 크게 비웃었다. 한신 수하의 장수들도 배수진을 치는 것에 대해 크게 불안해할 정도였다. 그러나 막상 전투가 시작되자 적군들은 한신을 무시한 채 아무런 대비도 없이 무작정 돌진해온 반면 한신의 병사들은 죽기를 각오하고 싸움으로써 대승을 거두게 되었다.

배수진은 아군의 사기진작과는 별개로 적군들의 방심이라는 또 다른 변수가 작용할 때 효과를 거둘 수 있다. 방심하지 않는 상대에게는 배수진이 오히려 위험한 전략이 될 수 있다. 뿐만 아니라 상대가 전혀 예상하지 못한 행동으로 대응해 올 경우 배수진은 다른 대비책을 찾을 수 없다는 점에서 매우 경직된 전략이라 하겠다.

스스로 위기상황을 조성한다는 점에서 배수진은 벼랑 끝 전략과 비슷하다고 하겠다. 하지만 배수진 전략은 아군들에게 사생결단의 각오를 다지도록 하는 내부지향성이 강한 전략인 반면 벼랑 끝 전략은 위기상황을 조성하여 상대방이 공포심을 느끼도록 한다는 점에서 전략을 사용하는 방향성이 다른 것이다.

배수진이 상대방과의 결전을 전제로 하는 것과는 달리 벼랑 끝 전략은 상대방이 스스로 물러서도록 강한 위협을 반복한다는 점에서 기본적으로 결전이 아닌 협상을 전제로 하고 있다고 볼 수 있다. 배수진과 벼랑 끝 전략은 전략의 방향성뿐만 아니라 전략의 수단이나 목표도 다른 것이다.

또한, 배수진은 타협의 여지가 없는 전략으로 상대방이 맞대응 전략으로 나올 경우 위험을 회피할 방법이 전혀 없는 위험한 전략일 수 있다. 임진왜란 당시 신립장군이 탄금대에서 배수진을 치고 왜군과의 결전을 각오했지만 아군의 전멸이라는 참담한 결과를 맞이한 것은 배수진이 다른 선택지를 스스로 포기하여 불리한 상황에서도 전략의 변화를 시도할 수 없는 경직성을 본질로 하고 있기 때문이었다. 배수진으로 적군을 물리친 한신도 수하 장수들이 병법과는 다른 배수진 전략에 의문을 제기하자 훈련되지 않은 병사들을 싸우도록 하기 위해 어쩔 수 없이 위기상황에 처하도록 만든 어려운 선택이었음을 실토하였다.[57] 배수진은 성공을 위한 조건이 충족되지 못하면 자신이 벼랑 끝에 몰려 떨어질 수도 있는 위험한 전략이었던 것이다.

반면, 북한이 시도하는 벼랑 끝 전략은 위기상황을 만들어 상대방이 공포심을 느끼도록 강요하는 것은 물론 상대방의 맞대응 태도에 따라 유연하게 전략을 변경할 수 있는 여지를 만들어 놓고 있다. 이러한 전략의 유연성은 배수진에서는 찾을 수 없는 것이다. 단지 위기상황을 조성하여 공포심을 자극한다는 점만을 부각시켜 벼랑 끝 전략과 배수진을 유사한 개념으로 이해하고 설명하고자 하는 것은 벼랑 끝 전략의 본질을 제대로 파악하지 못했기 때문이라고 하겠다.

미주

1) 박찬희·한순구, 『인생을 바꾸는 게임의 법칙』(서울: 경문사, 2006), pp.13－14.
2) 토마스 셸링(1992), p.29.
3) 김용현, “김대중 정부의 대북정책에 관한 연구: 게임이론을 중심으로”, 연세대학교 대학원 석사학위 논문, 2001, p.5.
4) 게임이론은 폰 노이만(Johann Ludwig von Neumann)과 모르겐슈테른(Oskar Mor genstern)이 공저한 “게임이론과 경제행태, 1944.”에서 소개되었다.
5) 윌리엄 파운드스톤, 박우석 역, 『죄수의 딜레마』(서울: 양문, 2004), p.63.
6) 윌리엄 파운드스톤, 박우석 역(2004), pp.64－65.
7) 윌리엄 파운드스톤, 박우석 역(2004), p.68, 95.
8) Italo Calvino, 『If on a Winter's Night a Traveler』(2004); 윌리엄 파운드스톤, 박우석 역(2004), p.83.
9) 김태현, “억지의 실패와 강압외교: 쿠바의 미사일과 북한의 핵,” 『국제정치논총』 52권(한국국제정치학회, 2012), p.69.
10) 쿠바미사일 위기에 대한 국제정치학적 분석은 그레엄 엘리슨·필립 제리코, 김태현 역, 『결정의 엣센스』(서울: 모음북스, 2005) 참고
11) 윌리엄 파운드스톤, 박우석 역(2004), pp.69－70.
12) 김재한, 『게임이론과 남북한 관계: 갈등과 협상 및 예측』(서울: 한울아카데미, 1996), pp.11－12.
13) 최정규, 『게임이론과 진화 다이내믹스』(서울: 이음, 2016), p.24.
14) 박찬희·한순구(2006), pp.14－15.
15) 서보혁(2003), p.159.
16) 당시 이 영화에 출연했던 미국의 배우 제임스 딘(James Byron Dean)이 치킨게임과 비슷한 자동차 사고로 숨지는 사고를 당함으로써 이 장면이 널리 알려지게 되었다.
17) 윌리엄 파운드스톤, 박우석 역(2004), p.288; 조한승(2007), p.177.
18) 김재한(1996), p.12.

19) 윌리엄 파운드스톤, 박우석 역(2004), pp.310－311.

20) 서훈(2008), p.101.

21) 최정규(2016), pp.24－28; 김재한(1996), p.12.

22) 윌리엄 파운드스톤, 박우석 역(2004), p.176.

23) J. Nash, "Equilibrium Points in n－person Games", Proceeding of the Nation Academy of Science 36, 1950, pp.48－49; 김재한(1995), p.11에서 재인용

24) 최정규(2016), pp.201－201; 김재한(1996), p.12.

25) Alexander L.George, Forceful Persuasion : Coercive Diplomacy as an Alternative to War(Wash ington D.C.: United States Institute of Peace Press, 1991), p.5; 이기성, "판문점 도끼살해사건 해결과정을 통해본 대북 강압외교 연구," 『군사연구』 제140집(육군군사연구소, 2015), p.298.에서 재인용

26) 이종주, "김정은의 핵 강압외교 연구," 『현대북한연구』 22권 3호(북한대학원대학교 심연북한연구소, 2019), p.89.

27) 정방호, "김정은 시대 북한의 '핵 강압외교'에 관한 연구," 동국대학교 박사학위 논문, 2022, p.28.

28) 'Deterrence'는 연구자에 따라 '억지' 또는 '억제'로 달리 번역되고 있으나 기본개념은 동일하다.

29) Thomas C.Schelling, Arms and Influence(New Haven: Yale University Press, 1966), pp. 3－4, 71, 79: 윤태영, "북한 핵문제와 미국의 '강압외교'; 당근과 채찍 접근을 중심으로," 『국제정치논총』 제43집 1호(한국국제정치학회, 2003), p.277에서 재인용

30) 이종주(2019), p.91.

31) 정성윤(2019), p.6.

32) 윤태영(2003), p.278.

33) Alexander L.George, Avoiding War : Problems of Crisis Management(Bouider: Westview Press, 1991), p.384; 정방호(2022), p.29.에서 재인용

34) 이종주(2019), p.92.

35) George, "Forc3eful Persuasion," pp.8－9, 19, 291; 윤태영(2003), pp.277－278.에서 재인용

36) George, "Forceful Persuasion,"p.77－79; 윤태영(2003), p.279.에서 재인용

37) 정방호(2022), p.31.

38) 이기성(2015), p.300.

39) 『문화일보』, http://www.munhwa.com/news/view.html?no=20220122MW154042679092(검색일: 2022.1.22.)

40) 조선신보에서는 '벼랑 끝 전술'이라는 용어를 사용하고 있는데 이는 본서에서 사용하고 있는 '벼랑 끝 전략'과 개념상의 차이는 없는 것으로 보인다.

41) 서보혁(2003), p.158.

42) 서보혁(2003), pp.161-162.

43) 스코트 스나이더, 안진환·이재봉 역(2003), p.135.

44) 박찬희·한순구(2006), p.193.

45) 서훈(2008), pp.100-104.

46) 박찬희·한순구는 북한의 이러한 행태를 "또라이 전략"이라는 재미있는 용어로 설명했다. 비상식적이고 전혀 예측할 수 없는 행동을 하는 북한을 "또라이"에 비유한 것이다. 그러나 북한의 본색은 또라이 인척 흉내를 내고 있을 뿐이며 이러한 북한의 행태는 미국을 상대로 제한적인 도발만을 시도하고 있는 사례에서 확인할 수 있다고 설명했다.

47) 돈 오버도퍼, 이종길 역(2002), pp.450-451.

48) 스코트 스나이더, 안진환·이재봉 역(2003), p.137.

49) Scott Snyder, Negotiation on the Edge: North Korean Negotiation Behavior (Wash ington D.C.: United States Institution of Peace Press, 1999), pp.147-153: 송종환(2007), pp.300-301에서 재인용

50) 서보혁(2003), pp.161-162.

51) 사마천, 홍문숙·박은교 역, 『사기열전』(서울: 청아출판사, 2011), p.612.

52) 박찬희·한순구(2006), pp.50-51.

53) 로버트 그린, 안진환·이수경 역, 『전쟁의 기술』(서울: 웅진, 2007), pp.80-84..

54) 박찬희·한순구(2006), p.50.

55) 『중앙일보』, https://www.joongang.co.kr/article/25035301(검색일: 2022.1.24.)

56) 김재한, 『전략으로 승부하다:호모스트라테지쿠스』(서울: 아마존의 나비, 2021), p.85.

57) 사마천, 홍문숙·박은교 역(2011), p.612

제3장

냉전시기 북한의 벼랑 끝 전략

|제3장|

냉전시기 북한의 벼랑 끝 전략

북한이 미국을 상대로 시도하고 있는 벼랑 끝 전략은 냉전시기를 전후로 전략목표와 형태가 변화하였다. 냉전시기 북한은 소련과 중국 등 사회주의 국가의 지원으로 경제적인 발전은 물론 군사력에서도 한국을 압도하고 있었으며 한국에 배치된 미군전력은 북한에게 커다란 위협으로 작용하지 못하고 있었다. 특히 베트남 전쟁으로 미국이 한반도에서 군사력 운용이 제한된 상태에서 북한은 강력한 1인 통치체제를 확립하고 4대 군사노선을 채택하는 등 군사적 자신감에 넘쳐 있었다. 북한의 이러한 자신감은 미국을 상대로 매우 공세적이고 기습적인 벼랑 끝 전략을 가능하게 하였다.

반면, 냉전이후 시기 북한은 사회주의권의 몰락과 소련의 해체로 체제 붕괴의 위기에 직면하였고 북한의 벼랑 끝 전략도 체제생존을 위한 수세적인 방식으로 전환되었다. 재래식 전력의 열세를 극복하기 위해 핵무기 개발에 몰두한 북한은 핵무기를 수단으로 미국과의 협상을 통해 체제생존을 보장받으려는 수세적인 전략을 시도하고 있다.

냉전을 기준으로 전후 사례를 비교 분석하는 것은 북한 벼랑 끝 전략의 변화를 확인할 수 있는 유용한 방법이다. 북한의 위협수단이 냉전을 전후하여 재래식 군사력에서 핵무기로 전환된 것도 냉전을 사례분석의 기준으로 설정한 중요한 이유이다.

또한, 냉전을 전후한 사례 분석과 함께 김정은 시대에 들어서 북한이 미국의 트럼프 정부를 상대로 시도한 벼랑 끝 전략 사례를 분석함으로써 최근 북한의 벼랑 끝 전략 운용실태를 확인하고 향후 전략의 향배를 예측해 보고자 한다.

1. 푸에블로호 나포사건

사건개요

푸에블로호(The Uss Pueblo)사건은 1968년 1월 23일 북한 원산 앞바다에서 정보수집 활동을 하던 미 해군 소속 전자 정보함 푸에블로호를 북한 해군함정이 나포한 사건이다.[1] 미국은 푸에블로호 선체와 승무원 83명(사망자 1명 포함)의 송환을 위해 북한과 11개월에 걸쳐 직접 협상을 벌였고 1968년 12월 23일 선체를 제외한 승무원 전원을 송환받았다. 푸에블로호 사건은 북한이 미국과의 직접협상을 이끌어 내고 미국의 정보활동에 타격을 가했으며 한·미 간에 긴장관계를 조성했다는 측면에서 북한이 승리한 사건으로 평가된다.[2]

푸에블로호는 첩보수집을 위해 화물선을 개조한 선박으로 미 국가안보국(NSA)과 미 해군정보국의 지시에 따라 정보를 수집하는 '전자정보 수집 선박'이었다.[3] 이 배에는 미군 장교 6명을 포함하여 81명의 군인과 2명의 민간 해양학자가 탑승하였다.

푸에블로호는 1968년 1월 11일 일본 사세보 항구를 떠나 동해를 향해 출발하였다. 승무원들의 임무는 북한과 소련의 전자정보를 감청하고 북한 연안에서 북한 해군의 움직임을 조사하는 한편 쓰시마 해협에서 소련 선박들의 통신정보를 수집하는 것이었다.[4]

1968년 1월 23일 정오 무렵 원산 앞바다를 항해하고 있던 푸에블로호에 북한 군함 1척이 접근하여 푸에블로호의 국적을 물은 후 북한 어뢰정 3척이 추가로 접근하여 푸에블로호의 정선을 명령하였다. 이에 푸에블로호에서는 자신들이 공해상에 있음을 밝히고 항해를 계속하자 북한 어뢰정이 푸에블로호를 포위하고 북한 전투기 2대가 출현하였다.[5]

푸에블로호가 정선명령을 듣지 않고 항해를 계속하자 북한함정들이 푸에블로호를 향해 기관포를 발사했고 북한 전투기들도 로켓탄을 투하했다. 결국 푸에블로호는 항해를 멈추었으며 북한함정을 따라 원산항으로 예인되었다. 예인 도중 푸에블로호가 비밀문서 폐기를 위해 정선하자 북한함정이 다시 발포하여 푸에블로호 승무원 1명이 사망하였다. 잠시 후 북한 군인들이 승선하여 푸에블로호를 접수한 후 원산항으로 끌고 감으로써 푸에블로호를 나포하였다. 나포 직후 북한 전역에는 경계령이 내려지고 북한 동해안 지역 주민들은 대피하였으며 원산주변 고지대와 해안가에는 대공포가 집중배치 되었다.[6]

북한의 푸에블로호 나포는 우발적인 사건이 아니라 사전에 계획된 것으로 보이며 북한지도부도 나포를 인지하고 있었을 것으로 추측된다.[7] 북한측 자료에는 북한 해군초소에서 나포 2일 전부터 푸에블로호를 주시하고 있었으며 북한 선박들이 푸에블로호 주변을 살피기 위해 접근한 것으로 기록되어 있다.[8] 또한, 1970년대 북한 대남사업부서 부부장을 역임한 신경완은 푸에블로호가 원산에 나타났다는 보고를 받은 김정일이 직접 해군사령관에게 나포를 명령했다고 주장했다.[9] 이와 같은 정황을 살펴볼 때 북한은 사전에 철저히 계획된 상태에서 푸에블로호를 나포한 것으로 판단된다.

푸에블로호가 나포되었다는 소식에 미국정부는 경악했다. 1815년 영국해

군에 의해 미국군함이 나포된 이후 국제수역에서 미국 선박이 나포된 사례는 한 번도 없었기 때문이다.[10] 북한은 두 손을 든 채 끌려가는 승무원들의 사진을 공개하였다. 미국은 북한의 행동에 분개하였으나 베트남전쟁에 몰두해 있는 상황에서 한반도에서 또 다른 전쟁을 수행하기를 원하지 않았다.

반면 한국은 푸에블로호 나포 사건이 일어나기 직전 발생한 북한 무장공비들의 1.21 청와대 기습사건에 대해서는 무력대응을 자제하고 냉정한 대처를 주문하던 미국의 관심이 급격하게 전환되는 상황에 분개했다. 푸에블로호 나포에 대한 미국의 대응방식은 한·미 간의 긴장관계를 고조시키는 원인으로 작용하였다.

협상전략 및 결과

나포 사건이 발생한 다음날인 1968년 1월 24일 군사정전위 본회의에서 북한과 미국이 푸에블로호 사건을 협의하기 시작했다. 이 회의에서 북한 측 수석대표인 박중국 소장은 원산항 앞바다에 미국이 무장 공작선을 침입시켰다고 비난하면서 유엔군 사령부에 대해 침략행위를 사죄하고, 주모자를 처벌하고, 같은 사건이 되풀이 되지 않도록 보증하라고 요구했다.[11] 이에 대해 유엔군 사령부는 푸에블로호 선체와 승무원들을 즉시 송환시키고 나포행위에 대해 사죄할 것을 요구했다.

북한은 미국과의 협상에서 기선을 제압하기 위하여 군사 정전위 다음날인 1월 25일 평양방송을 통해 푸에블로호 부커 함장이 북한 영해를 침범하여 간첩행위를 했다고 인정하는 자백서를 제출했다고 보도했다.[12] 동시에 북한은 전국에 동원태세를 발령하고 평양 소재 행정기관과 공장 및 주민들을 지방으로 대피시켜 미국과의 전쟁이 임박한 것처럼 위기 상황을 최대한 고조시켰다.[13]

한편 미국은 이 문제를 해결하기 위해 유엔 안보리 회부, 외교경로를 통한 평화적인 해결, 군사적 보복 등 다각적인 대책을 강구하였다. 북한은 미국의 외교적 노력이나 유엔을 통한 협상 시도는 즉각 거부하면서도 군사적 대응에 대해서는 심각하게 받아들였다. 당시 미국의 군사적 조치에 대해 북한은 "조선인민을 굴복시키고 새 전쟁을 도발해 보려는 발광적인 책동"이었다고 비난했다.[14]

북한은 1월 27일 성명을 발표하여 푸에블로호 사건은 "조선정전협정에 대한 란폭한 유린이자 공화국을 반대하는 로골적인 침략이며 새로운 전쟁을 일으키려는 미제의 계획적인 책동의 일환"이라고 비난했다.[15] 북한은 대외적으로는 미국을 맹비난하면서도 내부적으로는 미국 측에 대화를 제의해왔다. 북한의 이러한 행태는 주민들에게 사건을 알리고 지도부의 결의를 과시하기 위한 선전활동의 일환이었다.[16] 북한정권은 미국 함선을 나포하고 승무원들을 감금함으로써 주민들에게 미국과 대등한 힘을 가지고 있는 것처럼 과시한 것이다.

북한은 미국에 협상을 제의하면서 공식적인 메시지와 비공식적인 메시지를 동시에 전달하였다. 공식적으로는 미국이 승무원들을 전쟁포로로 인정하면 협상을 통해 문제를 해결하겠다는 입장을 전달하고 비공식적으로는 푸에블로호 함장이 범죄행위를 인정했고 승무원들도 잘 지내고 있으니 직접 만나 협의를 하자는 제안을 전달했다.[17] 이러한 북한의 비공식적인 제안에 신속한 문제해결을 원한 미국이 응함으로써 2월 2일 미·북 간 첫 접촉이 이루어졌다.

회담개최를 위한 물밑 대화가 진행되는 와중에도 북한은 푸에블로호 나포를 미국에 대한 승리전이라고 선전하는 데 열을 올리고 있었다. 김일성은 미·북 간 첫 접촉이 이루어지고 있던 2월 2일 당일 북한 해군에 격려문을 보내 "군사적 자위권을 행사하는 투쟁에서 빛나는 업적을 성취했다."고 언급했다.[18] 2월 8일 연설에서는 "만일 미제국주의자들이 계속 무력을 동원하여 위협 공갈하는 방법으로 이 문제를 해결하려 한다면 그들은 이로부터 얻을 것이란 아무것도 없을 것입니다. 있다면 오직 시체와 죽음뿐일 것입니다. 우리는 전쟁을 바라지 않지만 결코 전쟁을 두려워하지 않습니다. 우리

인민과 인민군대는 미 제국주의자들의 <보복>에는 보복으로, 전면전에는 전면전쟁으로 대답할 것입니다."라고 주장하며 결사항전을 독려했다.[19]

표 3-1 푸에블로호 협상의 주요 쟁점 사항

구 분	북 한	미 국
영해침범	인정	1. 불인정 2. 승무원 송환 조사 후 문제 발견 시 사과 용의
간첩행위	인정	불인정
사과방법	미 정부의 사죄문	영해침범 확인 시 유감 표명
승무원 송환	1. 간첩행위 확인 시 북한 법에 따라 처벌 2. 미국사죄 후 송환 고려	미국으로 송환 또는 북한 수교국으로 추방
선체 및 장비	간첩장비이므로 몰수	반환 요구

출처: 이신재, 『푸에블로호 사건과 북한』 (서울: 선인, 2015), p.131. <표 3-2>를 참고하여 저자가 재정리

김일성의 이러한 언급과 로동신문의 보도는 전형적인 벼랑 끝 전략의 첫 단계이다. 상대인 미국 측에 전쟁까지 불사할 수 있는 각오가 되어 있음을 보여줌으로써 협상에서 최대한 양보를 얻어내겠다는 것이다. 당시 베트남 전쟁에 깊이 개입되어 있는 미국이 한반도에서 또 다른 전쟁을 시작할 여유가 없을 것이라는 전략적 판단도 북한이 강경한 발언을 할 수 있었던 배경이었다. 북한은 전쟁이 일어날 수도 있다는 위기상황을 스스로 만들고 싶었던 것이다.

미국은 북한의 강경한 태도에 대처하기 위해 군사적 조치를 단행했다. 항

공모함 1척을 동해로 이동시키는 한편 250여 대에 이르는 전투기와 폭격기를 한반도에 배치할 준비를 시작했다. 또한 예비군의 소집과 병사들의 복무기간 연장을 검토하는 등 전쟁에 대비한 계획들을 실행에 옮기기 시작했다.[20] 북한의 벼랑 끝 전략에 대해 미국도 맞대응하는 일종의 치킨게임이 시작된 것이다.

미·북 간의 협상에서 북한은 푸에블로호의 북한영해 침범 여부나 정보수집 행위에 대한 논의보다 푸에블로호 소속이 유엔사가 아닌 미 태평양 함대소속이므로 협상의 당사자는 북한과 미국이 되어야 한다고 강력히 주장했다. 이것은 북한을 국가로 인정하지 않는 미국과의 양자회담을 정착시키겠다는 북한의 의도가 반영된 것으로 비공식 군사정전위 회담도 미·북 간 양자회담이라고 주장했다.[21]

북한의 이러한 속내는 비공개로 진행된 군사정전위 접촉을 언론에 공개함으로써 확인되었다. 『로동신문』은 2월 5일자 기사에서 "(미국의) 요청에 의하여 2월 2일과 2월 4일 판문점에서 그와 만났다. 여기에서는 미제의 무장간첩선 ≪푸에블로≫호 사건과 관련한 문제가 논의되었다."라고 보도하였다.[22] 북한은 미국과의 단독접촉이 이루어지고 있다는 사실을 공론화하고자 한 것이다. 북한이 협상을 시작한 목적중 하나는 미국을 직접 협상장으로 끌어들이는 것이었다. 결과적으로 북한은 자신들의 의도대로 미국과의 직접 협상에 성공하였다.

북·미 간의 교섭이 진행되는 동안 한국정부는 미국의 태도에 강한 불만을 표시하였다. 푸에블로호 나포 사건이 발생하기 직전 북한의 무장공비가 청와대를 공격한 1.21 사태 당시에는 한국의 자제를 요청한 미국이 푸에블로호 사건이 발생하자 항공모함을 배치하는 등 전쟁까지도 염두에 둔 듯이 강력하게 반응하자 한국정부는 미국의 태도에 의구심을 표명했다.[23] 미국의 한국방어에 대한 진정성을 의심한 것이다.

한국정부가 우려했던 것은 사건을 대하는 미국의 태도만이 아니었다. 북한이 미국과의 직접교섭을 공식화하고 국제사회에서 국가로 인정받으려는 시도를 하고 있는 것에 대해 미국이 제대로 된 대응을 하지 못하고 있으며 미국의 이러한 태도는 결국 한미동맹을 훼손할 것이라고 판단했다.[24] 한국의 박정희 대통령은 미국에 강력한 항의를 표시하면서 '자주국방정책'을 추진하겠다고 선언하였다.[25] 박 대통령은 "연내 250만 명 규모의 향토 예비군을 창설하고 무기 공장을 건설하겠다."고 천명하였고 한국정부는 전 군의 장병들의 제대를 보류하는 조치를 단행하는 한편 베트남 주둔 한국군 부대의 철수를 검토하였다.

한국정부의 단호한 조치와 대응에 당황한 미국은 한국정부를 달래기 위해 고심하였다. 매년 한미 국방장관회담을 정례화하고 한국에 1억 달러의 군사원조를 추진하겠다고 약속했다. 이러한 미국의 조치로 한국의 불만은 어느 정도 완화되었으나 자국영토에서 북·미 간 직접교섭이 이루어지는 것에 대해 한국정부는 강한 소외감과 굴욕감을 느꼈다는 인식이 강했다.[26] 미국을 협상장으로 끌어들여 직접 협상을 추진했던 북한은 한미관계 악화라는 부수적인 성과를 거둔 것이다.

최초 접촉이 이루어진 2월 2일부터 최종 협상이 마무리된 12월 23일까지 북·미 간에는 29차례에 걸친 협상이 진행되었다. 협상이 진행되는 동안 주요의제는 푸에블로호의 영해침범과 정보수집 활동의 인정여부에서 크게 벗어나지 않았다. 협상기간 동안 북한은 승무원들에게 자백과 반성문을 강요하고 이를 방송이나 언론을 통해 북한주민들에게 선전하는 데 몰두했다. 이 기간 동안 북한은 총 91건에 달하는 성명서를 발표하여 푸에블로호 나포를 국내정치에 이용하였다.[27]

북한은 미군 승무원들을 협상에 유리한 인질로 활용하여 미국으로부터 최대한의 이득을 얻어내는 데 목적을 두었다. 미국이 군사적 보복을 감행할 가능성이 없음을 확인하고부터 북한은 공개적으로 미국의 보복 위험성을 강조하면서 주민들에게 결사항전의식을 고취하여 의도적으로 위기상황을 조성하였다. 미국이 직접접촉에 응해오고 동해에 파견했던 항공모함을 필리핀으로 이동시키는 것을 보면서 북한은 미국이 협상을 유지할 것이라고 판단한 것이다.[28] 북한 부주석 박성철은 2월 18일자 『로동신문』을 통해 "미제와 박정희 도당이 감히 그 어떤 ≪보복≫ 행동을 시도한다면 그것은 곧 전쟁의 시작을 의미하게 될 것이다. 조선에서 새 전쟁이 다시 터지는가 안 터지는가 하는 것은 전적으로 미제와 그 주구들의 태도 여하에 달려 있다." 고 언급했다.[29]

미국과의 협상을 진행하는 와중에서도 북한은 전쟁위기감을 고조시키는 발언을 지속하여 위기감을 조성함으로써 협상을 유리하게 이끌어 가고자 했다. 또한, 내부적으로는 북한주민들의 단결과 미국에 대한 적개심을 고취하고자 하였다. 북한은 푸에블로호를 나포하고 선원들을 인질로 확보한 후 위기상황을 조성하여 미국과의 직접협상을 이끌어 내는 외교적 성과를 거두었으며 자신들의 국제적 위상도 최대한 끌어올렸다.[30]

김일성은 같은 해 3월 당중앙위원회부부장 이상 일군들과 도당책임비서들이 모인자리에서 "전체 인민을 무장시키고 전국을 요새화하기 위한 사업을 힘있게 밀고 나감으로써 그 어떤 제국주의자들의 침략에도 능히 대처할 수 있는 철벽같은 방어력을 마련하여 놓았습니다."라며 미국과의 전쟁에 대한 자신감을 표명했다.[31]

미국이 군사적 보복 의사가 없음을 확인한 북한은 유리한 협상 타결을 압박하기 위해 군사적 도발을 감행하기도 하였다. 상대의 의도를 파악한 후 위기감을 조성하여 최대한의 양보를 얻어내기 위한 벼랑 끝 전략을 시도한 것이다.

북한군은 1968년 4월 중순 유엔사 경비대원들이 탑승한 차량을 공격하여 6명의 한국군과 미군 병사들이 전사하거나 부상을 당했다.[32] 그해 11월에는 120명에 달하는 무장공비들이 강원도 울진과 삼척에 침투하였다. 북한은 협상 전 기간을 통해 푸에블로호의 영해침범과 간첩행위에 대한 인정과 사과 및 재발방지 약속이라는 요구사항을 그대로 고집했다. 승무원들을 인질로 삼아 자신들의 요구를 관철하고자 한 것이다. 또한, 군사적 도발과 병행하여 전쟁도 불사하겠다는 위협적인 성명과 보도를 지속하여 미국에 대한 압박을 지속하였다.

이러한 북한의 행태는 전쟁과 같은 위기상황을 조성하는 벼랑 끝 전략의 전형적인 사례라 하겠다. 그러나 북한의 벼랑 끝 전략은 미국이 군사적 보복을 하지 않을 것이라는 확신, 베트남 전쟁으로 인한 미국의 군사력 운용의 어려움, 승무원 82명의 인질 확보, 미국과의 협상 지속이라는 안전판 위에서 이루어졌다. 북한의 벼랑 끝 전략은 무모하거나 비합리적인 것이 아닌 신중한 분석과 판단의 결과였던 것이다.

1968년 12월 23일 29차례에 걸친 미·북 간 논의의 결과 협상이 타결되었다. 미국은 북한 측이 제시한 사죄문에 서명하고 승무원 신병을 인계받는 것으로 푸에블로호 나포 사건은 마무리 되었다. 하지만 북한은 푸에블로호 선체를 반환하지 않고 평양 대동강 변에 전시하여 대미 승전의 상징물로 선전에 활용하고 있다. 북한은 자신들이 미국을 상대로 승리를 거두었다고 선전하면서 미국에 대한 자신감을 강조하였다. 북한 외무성 대변인은 푸에블로호 사건을 "미제국주의자들의 수치스러운 패배이며 조선인민이 거둔 또 한 차례의 위대한 승리"라고 평가했다.

미국은 전반적으로 협상이 해결된 방식에는 불만을 표시했지만 승무원 전원을 송환받음으로써 문제가 일단락된 사실에 안도했다. 당시 미국의 딘 러스크 국무장관은 "미국정부는 사실과 다른 내용을 시인하지 않고 승무원들을 석방시키기 위해 노력했다. 북한은 우리가 순전히 허위라고 공개적으로 비난한 쓸모없는 문서도 선전가치가 충분하다고 믿는 것 같았다."라며 북한의 태도를 비난했다.[33] 푸에블로호 승무원들의 안위를 걱정하는 국내 여론을 무시할 수 없었던 미국정부는 승무원 전원 송환을 위해 북한의 요구대로 많은 것을 양보할 수밖에 없었다.

북한은 푸에블로호를 나포한 후 82명의 승무원을 인질로 삼아 미국을 궁지로 몰아넣었다. 대선을 앞두고 있던 미국의 존슨 행정부의 약점과 국민의 생명과 인권을 존중하는 미국 민주주의의 장점을 북한은 역으로 미국을 압박하는 수단으로 활용하였다. 북한은 미국이라는 강대국을 상대로 자신들이 완전한 승리를 거두었다고 주장하고 송환하지 않은 푸에블로호 선체는 반미 선전에 최대한 활용하였으나 푸에블로호 나포라는 벼랑 끝 전략의 결과가 북한에게 일방적으로 유리한 결과를 가져왔는지에 대해서는 냉철한 분석이 필요하다. 미국은 푸에블로호 협상을 통해 북한 협상전략의 실체를 파악하게 되었고 북한을 어떻게 다루어야 하는지를 깨닫기 시작했기 때문이다.

협상전략 평가

미국의 연구자들은 푸에블로호를 나포한 북한의 동기는 김일성의 능력과 주체사상의 힘을 북한 주민들에게 과시하기 위한 내부적 필요 때문이었다고 분석했다. 이러한 근거로 푸에블로호를 나포한 이후 북한은 푸에블로호에 실려 있던 수많은 비밀문서와 장비들에 대한 관심보다는 승무원들로부터 간첩행위를 시인하는 자백을 받아내는 데 몰두하였다는 것을 지적했다.[34] 북한은 승무원들이 잘못을 인정하고 사죄하는 모습을 수시로 방송하고 자백서를 언론에 공개하는 등 내부선전에 집중하였다. 또한 북한은 푸에블로호 나포 사건을 1866년 대동강에 들어와 통상을 요구하던 미국의 상선 제너럴셔먼호를 평양 주민들이 불태운 사건에 빗대어 미국을 상대로 한 승리의 역사라고 선전하기도 하였다.[35]

푸에블로호 사건 당시 북한은 자신들이 군사도발을 감행하더라도 베트남전으로 인해 한국과 미국이 전면적인 보복을 하지는 못할 것이라고 판단하였다. 당시 미국은 베트남전에 발목이 잡혀 한반도에서 군사적 보복을 수행하기가 어려운 상황이었으며 북한은 북베트남에 전투기와 조종사를 제공하고 있었다.

푸에블로호 나포 사건이 발생하자 미국은 항공모함 전단을 베트남에서 한국해역으로 이동시키는 등 베트남에서의 미군과 한국군의 군사적 활동은 제한을 받게 되었다. 북한은 푸에블로호 나포를 통해 베트남전에서 북베트남의 활동을 지원하는 결과를 만들어 낸 것이다.[36]

미국 국내적으로는 1968년 11월에 대통령 선거가 예정되어 있어 한반도에 군사개입을 결정하는 것은 당시 존슨 대통령으로서는 상당한 부담이 될 수밖에 없는 환경이었다. 북한은 이러한 미국의 국내 정치상황을 면밀하게 판단한 후 푸에블로호 나포를 결정하였으며 미국과의 협상에서 강경한 자세를 유지할 수 있었던 것으로 보인다. 북한의 전략은 무모하거나 예측 불가능한 것이 아니라는 추측이 가능한 상황이 전개된 것이다.

푸에블로호 협상은 북한과 미국이 휴전회담이후 직접 대면한 양자 간의 첫 번째 회담으로 외형상 북한의 외교적 승리로 마무리되었다. 북한의 푸에블로호 협상경험은 이후 미국을 상대로 한 북한 협상전략의 틀을 형성하는데 커다란 영향을 주었다.[37]

북한이 사용한 협상전략은 크게 위기조성과 인질활용이었다. 북한은 전쟁이 발발할 수도 있다는 위기조성과 인질들의 목숨을 담보로 미국을 압박하여 최대한의 양보와 이득을 얻어내었다. 미국을 상대로 전형적인 벼랑 끝 전략을 사용한 것이다.

첫 번째는 위기조성이다. 푸에블로호를 나포한 이후 북한은 총 동원령을 내리고 평양의 주민들은 물론 각급 행정기관과 공장 들을 지방으로 이전하는 한편 원산지역에 고사포를 집중 배치하여 일전 불사의 자세를 보여주었다. 북한은 미국의 푸에블로호가 전쟁을 일으키려는 미제의 책동이라고 강력히 비난하는 것은 물론 김일성이 직접 성명을 통해 "전쟁을 바라지 않지만 전쟁을 두려워하지는 않는다. 미 제국주의자들의 보복에는 보복으로 전면전에는 전면전으로 맞서겠다."며 전쟁의지를 고취하였다.

북한 부주석 박성철도 "미제가 보복행동을 시도한다면 그것은 곧 전쟁을 의미하게 될 것이다."라며 위협했다. 북한의 위기조성 전술은 단순히 성명발표와 같은 말로만 그친 것이 아니라 소규모 공격과 같은 직접적인 무력도발의 형태로도 이루어졌다. 협상이 진행되는 와중에도 북한은 유엔사령부 경비 병력의 트럭을 공격하고 군사분계선을 침범하는 것은 물론 유엔군 병력에 대한 총격을 지속하였다.[38] 또한 그해 11월에는 울진과 삼척에 120명에 달하는 대규모의 무장공비를 침투시키는 등 무력도발을 지속하였다. 북한의 이러한 도발은 전쟁과 같은 위기상황을 조성하여 미국의 양보를 얻어내기 위한 전형적인 전략이라고 하겠다.

두 번째는 인질활용이다. 북한은 푸에블로호를 나포하자마자 승무원 82명 전원을 평양으로 이송하였다. 이들은 두 개의 수용소에 수용되었다. 수용소에서 승무원들은 매일 밤 간첩행위에 대한 자백과 잘못을 인정하라는 고문과 폭행에 시달렸다.[39] 이들 승무원들은 미국이 협상에 나설 수밖에 없도록 만든 중요한 요인이었다.

북한은 승무원들을 협상 수단으로 최대한 활용하였다. 미국은 푸에블로호 나포 사건이 발생하자 항공모함을 동해로 출동시키고 전투기들의 증강배치를 검토하는 등 강력한 보복계획을 수립하였다. 하지만 감금된 82명의 승무원들의 존재는 미국의 군사적 보복대응을 중지하게 만든 결정적 요인으로 작용하였다. 북한은 가장 두려워하던 미국의 보복공격을 승무원이라는 인질을 통해 무산시키고 이후 협상과정에서 주도권을 장악할 수 있게 되었다.

인질의 존재는 북한을 국가로 간주하지 않고 있던 미국이 북한과의 직접협상을 할 수밖에 없도록 만들었던 결정적 변수였다. 대통령 선거를 앞두고 있던 존슨 행정부는 한국의 반대에도 불구하고 유권자인 미국시민을 구해내기 위한 협상에 응할 수밖에 없었다. 북한은 미국의 선거기간 내내 승무원들이 잘못을 인정하고 사죄를 구하는 내용의 보도와 기자회견을 지속적으로 방송함으로써 미국의 입지를 극도로 위축시켰다. 북한은 인질들을 미국을 압박하는 수단이자 반미 선전의 도구로 적극 활용하였다.[40]

북한이 푸에블로호 승무원들을 인질로 활용한 것은 김정일의 직접지시에 따른 것으로 보인다. 김정일은 "출판보도부문과 대외사업부문에서는 정탐행위를 감행하다 나포된 푸에블로호 선원들의 자백내용과 우리나라의 자주권을 침해한 사실을 보여주는 증거자료들을 가지고 선전공세를 대대적으로 벌려야 합니다."라고 강조하였다.[41] 미국은 막강한 군사력을 보유하고 국제적 지지를 받고 있었음에도 불구하고 인질이라는 존재로 인해 협상에서 북한에 끌려다닐 수밖에 없었던 것이다.

푸에블로호 나포 사건을 둘러싼 미북 간 협상은 게임모델의 보수행렬을 사용하여 양측의 득실을 평가할 수 있다. 양측이 주장한 협상의 핵심쟁점들을 간단하게 정리하면 미국 측은 억류된 푸에블로호 승무원들의 전원 송환이었던 반면 북한은 미국의 일방적인 사과를 받아내는 것이었다. 이 두 가지 핵심 쟁점을 변수로 사용하여 보수행렬을 작성하면 양측의 대립상황을 명확하게 이해할 수 있다. 푸에블로호 협상상황을 보수행렬로 표현하면 <표 3-2>와 같다.

표 3-2 보수행렬로 표시한 푸에블로호 협상

		미국	
		사과(C)	거부(D)
북한	송환(C)	2(CC), 2(CC)	1(CD), 3(DC)
	거부(D)	3(DC), 1(CD)	0(DD), 0(DD)

* 미국과 북한의 득실은 편의상 3, 2, 1, 0 숫자로 표시

푸에블로호를 나포한 북한의 입장에서 미국으로부터 영해침범에 대한 사과를 받아내는 것은 6.25전쟁 당시 미국의 엄청난 공중폭격에 속수무책으로 당했던 수모를 극복할 수 있는 절호의 기회였다. 전쟁으로 파괴된 북한 경제를 재건하고 강력한 군사력 확보로 자신감을 회복하고 있던 북한은 미국으로부터 사과를 받아냄으로써 대미 열등감에서 벗어나고자 하였다.

반면 미국은 베트남전에 전력을 기울이고 있는 상황에서 북한과 또 다른 군사적 대결 상황을 만들고 싶지 않았을 뿐만 아니라 국내적으로 차기 대통령 선거를 앞두고 있었던 만큼 억류된 승무원들을 송환시킴으로써 사태를 매듭짓고자 하였다.

미국의 일방적인 사과나 북한의 승무원 무조건 석방을 기대할 수도 없고, 협상거부로 군사적 충돌을 감수할 수도 없는 상황에서 양측은 적절한 타협점을 찾게 되었다. <표 3-2>에서 볼 수 있듯이 어느 한쪽의 일방적 양보는 상대에 비해 커다란 손실을 감수해야만 한다. 결과적으로 미국과 북한은 적당한 양보와 타협을 통해 양측이 모두 2점의 보수를 얻을 수 있는 지점, 즉 미국의 사과와 북한의 푸에블로호 승무원 송환을 선택한 것이다.

표면상으로는 협상을 통해 양측이 비슷한 성과를 거둔 것으로 보이지만 실상은 조금 다른 결과로 나타났다. 미국은 협상을 통해 한반도에서의 무력충돌을 피하고 억류되었던 승무원들의 전원 석방이라는 소극적 결과를 얻어낸 반면 북한은 미국으로부터 공식적인 사과를 받아낸 것은 물론 협상과정에서 승무원들을 대미 비난을 위한 선전도구로 활용함으로써 커다란 정치적, 외교적 이득을 확보할 수 있었다.

북한은 푸에블로호 사건을 통해 미국과의 직접협상을 성사시키고 미국으로부터 사과를 이끌어 내는 것은 물론 푸에블로호 선체를 대동강에 전시하여 대미 승전의 상징으로 선전하는 정치적·외교적 성과를 거두었다. 하지만 북한의 이러한 성과는 역으로 한국의 군사력 증강과 한미동맹의 강화라는 결과를 가져왔다.

푸에블로호 나포 사건 발생 당시 한국정부는 미국이 북한과 직접접촉 하여 양자 간 협상을 벌임으로써 한미 동맹관계를 훼손하고 북한의 손아귀에서 놀아날지도 모른다고 우려하였다.[42] 특히 미국이 북한과의 협상 내용을 한국에 통보하지도 않고 협상 참여도 허용하지 않자 한국정부는 미국을 강하게 비난하며 한국이 독자적으로 보복공격을 감행할 수도 있다고 미국을 압박했다.[43] 한국이 북한을 독자적으로 공격하겠다는 주장의 이면에는 베트남에 파병된 2개 사단 규모의 병력을 철수시킬 수도 있다는 의미가 담겨 있었다.[44] 한국의 박정희 대통령은 제2의 한국전도 불사하겠다는 강경한 자세로 미국을 압박하면서 북한을 국가로 승인하는 것은 있을 수 없는 일이며 한국의 방위력을 향상시키기 위한 대폭적인 군사적 지원을 요구했다.[45]

한국이 베트남 파병 부대의 철수를 검토하고 있다는 사실은 미국이 가장 우려하고 있던 사항이었다. 베트남 주둔 미군사령관이었던 웨스트 모어랜드 장군은 베트남에서 한국군의 철수는 "군사적으로 받아드릴 수 없는 일"이라고 평가했다.[46] 베트남에서 한국군의 철수와 한국군의 독자적인 북한 공격으로 인한 제2의 한국전쟁 발발은 베트남전에 빠져있던 미국이 가장 두려워하는 상황이었다.

한국의 반발을 무마하기 위해 미국의 존슨 대통령은 한국의 박정희 대통령에게 한국의 안보와 방위에 대하여 지속적인 지원을 약속하는 친서를 보내고 2월 11일 밴스(Cyrus R.Vance)를 특사로 파견하여 1억 달러의 추가군사원조 제공과 한미 국방장관 회담 정례화를 내용으로 하는 공동선언문을 발표하였다.[47] 또한 4월에는 하와이에서 존슨 대통령과 박정희대통령이 정상회담을 갖고 한국에 대한 계속적인 군사지원과 경제 원조를 재확인하고 한국의 국방력 강화가 필요하다는 인식에 공감한다는 공동성명에 합의하였다.[48]

한국은 푸에블로호 나포 사건을 계기로 미국으로부터 군사원조 확대와 한미연합방위체제 강화라는 성과를 이끌어 내었다. 또한 자주국방의 필요성에 대한 인식 확산으로 전국에 향토예비군을 창설하고 무기생산을 위한 군수산업 육성을 시작하는 등 국방력 강화를 위한 다양한 정책을 추진하게 되었다.[49]

북한은 푸에블로호 나포 사건을 "미 제국주의자들에게 수치스러운 참패를 안기고 조국의 안전과 민족의 존엄을 굳건히 수호하였다."라며 대미전에서 승리한 사건이라고 선전하고 있다. 북한은 푸에블로호 사건을 통해 미국과 직접협상을 성사시키고 사과를 이끌어 냄으로써 미국에 대한 자신감을 고취하였다. 또한 푸에블로호 선체를 반미 선전의 대상으로 활용하여 내부적인 단결을 강화하는 한편 군부의 미온적인 대응을 이유로 김창봉 민족보위상 등 군 간부들을 숙청하여 군에 대한 통제를 강화하였다.

북한이 대미협상 과정에서 한국을 배제함으로써 한미관계에 긴장을 초래한 것은 또 하나의 외교적 성공으로 평가되었다. 이러한 성공의 경험은 이후 북한이 대미 협상전략의 틀을 형성하는 계기가 되었으며 북한으로 하여금 무력도발을 지속하게 만든 원인으로 작용하였다.

외형적인 결과만을 볼 때 푸에블로호 사건은 북한의 일방적인 승리로 끝난 것처럼 보이지만 사실 북한은 푸에블로호 사건으로 인해 심각한 역효과를 감수하게 되었다. 푸에블로호 협상이후 한국과 미국은 동맹관계를 강화하게 되었고 미국의 군사지원도 대폭 확대되어 한국의 국방력이 더욱 커지게 된 것이다.

북한이 푸에블로호 사건을 체제선전에 활용하는 동안 한국은 미국으로부터 동맹 강화와 1억 달러에 달하는 군사지원은 물론 지속적인 경제 원조를 얻어냈다. 한국은 베트남에서의 철군과 북·미 간 직접 협상에 대한 불만을 강력하게 제기함으로써 협상을 서두르는 미국으로부터 막대한 보상을 얻어내었으며 미국의 지원으로 한국은 경제건설과 군사력 강화를 강력하게 추진하게 되었다.

미국은 북한과의 협상에서 인질로 잡힌 승무원의 송환을 위해 많은 것을 양보할 수밖에 없는 상황이었으나 북한과의 직접협상 경험은 북한의 협상전략을 본격적으로 연구하게 되는 계기를 제공하였으며 이후 협상에서 북한의 의도를 파악하는 데 유용하게 활용되었다.

북한이 미국을 상대로 전쟁 위기상황을 조성하여 미국으로부터 많은 것을 얻어낸 것으로 평가되는 푸에블로호 나포 사건은 북한의 전형적인 벼랑 끝 전략의 성공사례라고 할 수 있다. 하지만 한국과 미국의 연합방위체제 강화와 한국의 군사력 증대라는 역효과를 초래한 것을 감안할 때 북한의 일방적인 승리라고 평가하는 것은 성급한 결론이라 하겠다.

푸에블로호 나포와 이후 승무원 송환 협상 결과 북한과 미국 및 한국이 얻은 성과와 손실은 <표 3-3>과 같이 정리할 수 있다.

표 3-3 푸에블로호 협상 결과 평가

구 분	성 과	손 실
북 한	1. 북미 간 직접 협상 성사 2. 대미 자신감 확보 3. 내부 결속 강화	1. 한미동맹 강화 2. 한국의 국방력강화 3. 국제적 비난
미 국	1. 북한체제의 특성 인식 2. 협상전략 제고	1. 국가적 위신 손상 2. 신호정보 수집활동 타격 3. 푸에블로호 반환 실패
한 국	1. 한미연합방위체제 강화 2. 군사,경제지원 추가확보 3. 자주국방 기반 마련 4. 향토예비군 창설	1. 북미 간 직접접촉 허용 2. 북한의 통미봉남 성사

2. 판문점 도끼만행사건

사건 개요

판문점 도끼만행사건은 1976년 8월 18일 판문점공동경비구역(JSA)에서 유엔군 사령부소속 미군과 인부들이 미루나무 가지치기 작업을 하던 중 북한 경비병들이 난입하여 미군 장교 2명을 도끼로 살해한 사건이다.

판문점 도끼만행사건은 북한 정권의 잔혹성을 세계에 알리는 계기가 되었으며 휴전이후 한반도에서의 군사적 긴장을 최고조에 달하게 만든 사건이다. 미군장교 살해라는 극단적 방법을 사용했다는 점에서 이 사건은 무모하고 예측 불가능한 북한의 벼랑 끝 전략의 실체를 적나라하게 보여준 사건이라고 평가할 수 있다.

1976년 8월 18일 오전 10시 30분 유엔사령부는 3명의 장교들(미군장교 2명, 한국군장교 1명)의 인솔 아래 경비 병력 7명과 작업인원 5명 등 총 15명으로 구성된 가지치기 작업반을 판문점 공동 경비구역 내 유엔사 검문소 부근에 투입하였다. 이들의 목적은 유엔사 검문소 앞에 자리하여 시야를 가리고 있던 미루나무의 가지를 절단하기 위한 것이었다.

당시 판문점공동경비구역은 정전협정에 따라 직경 약 800여 미터의 구역 내에 유엔군 초소 5곳, 북한 및 중국군 초소 7곳이 설치되어 있었으며 양측의 군사정전위 관계자들은 공동 경비구역 내에서 비교적 자유롭게 이동할 수 있었다.

그림 3-1 판문점 도끼만행사건 당시 공동경비구역 요도

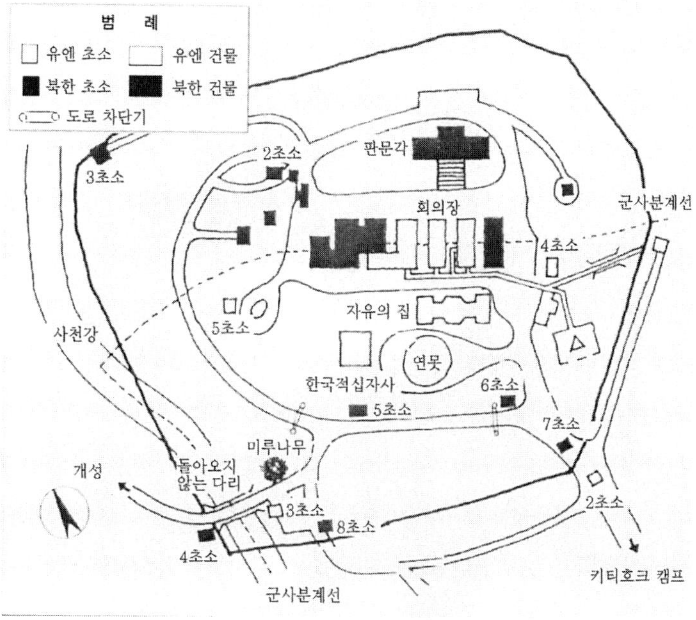

출처: 국방부 군사편찬연구소, 『국방사건사 제1집』 (국군인쇄창, 2012), p.280.

당시 판문점공동경비구역은 지금처럼 남북으로 구역이 분리되어 있지 않고 유엔군과 북한군이 공동으로 경비하는 곳이었다. 유엔사 초소 앞에 위치한 미루나무는 북한 경비병들의 동향을 감시하는 유엔사 경비초소의 시야

를 방해하기 때문에 유엔사 측은 매년 여름 정기적으로 나무의 가지치기 작업을 해왔고 북한 측도 별다른 제재를 하지 않고 있었다.[50)]

8월 18일 오전 10시 30분경 유엔사 작업반들이 가지치기 작업을 시작했다. 가지치기 인부 5명이 작업을 하는 동안 경비병력 10명은 권총으로 무장한 채 이들의 작업을 지켜보고 있었다.

작업이 시작되자 곧바로 북한군 장교와 경비 병력이 나타나 작업이유와 방법을 묻고 철수했다. 아무런 문제가 없다고 판단한 유엔사 측이 작업을 계속하자 북한군 병력이 다시 나타나 작업 중단을 요구했다. 유엔사 측이 북한군의 요구를 무시하고 그대로 작업을 계속하자 북한군 병력 20여 명이 갑자기 작업구역으로 난입해 들어오더니 소지해온 곤봉으로 무차별적인 공격을 시작했다. 북한군 일부병력들은 유엔사 작업반이 들고 들어온 도끼를 들고 미군을 공격했다.

북한군들은 유엔사 가지치기 작업 책임자였던 보니파스(Arthur G. Bonifas) 대위를 넘어뜨리고 공격하는 것을 시작으로 유엔사 병력들에게 달려들었다. 북한군의 갑작스러운 공격으로 미군 인솔 장교였던 보니파스 대위와 바렛(Mark T. Barrett) 중위가 북한군이 휘두른 도끼에 맞아 사망하고 한국군 장교 1명과 사병 4명, 미군 사병 4명 등 총 9명이 부상하는 사태가 발생했다.[51)] 휴전협정이후 공동 경비구역 내에서 유엔군이 사망한 것은 처음 발생한 일로 유례를 찾아볼 수 없는 사건이었다.

북한군의 공격은 불과 4분여 만에 이루어짐으로써 후방에 대기하고 있던 유엔사 병력은 대응조치를 취할 여유조차 없었다. 또한 가지치기 작업에 투입되었던 유엔사 경비 병력들은 권총을 소지하고 있었으나 북한의 갑작스러운 공격과 사태확산에 대한 우려 등으로 발포를 하지 못해 피해가 커졌으며 북한군의 피해는 확인되지 않았다.[52)]

협상전략 및 결과

사건이 발생한 직후 미국은 북한의 행동이 계획된 것이라고 분석하고 전투기 및 폭격기 비행단을 한국으로 이동 배치하는 한편 항공모함 1척을 동해로 이동시키는 군사적 대응조치를 단행했다. 다음날 유엔군사령관과 한국의 국방장관은 한국주둔 모든 미군과 한국군 전 부대에 전투준비태세(DEFCON)를 평상시의 4단계에서 3단계로 상향할 것을 명령하였다. 이에 따라 전 부대들은 전투진지를 점령하고 탄약을 비롯한 무기의 가동태세를 준비하는 등 실질적인 전면적 대비 태세를 유지하기 시작했다. 휴전회담이후 한반도에서 데프콘이 3단계로 상향된 것은 이때가 처음이었다. 한반도에 전쟁 발발의 긴장감이 최고도에 다다른 것이다. 서울로 향하는 주요도로를 방어하는 미군과 한국군 부대에는 일시적으로 전쟁 직전 단계인 DEFCON 2단계가 발령됨으로써 극도의 긴장상황이 유발되었다.[53]

한국군과 미군이 강력한 군사준비태세에 돌입하자 북한도 조선인민군최고사령관 명의로 인민군 모든 부대와 로농적위대, 붉은청년근위대에 전투태세 돌입을 명령하였다.[54] 북한도 전쟁의 발발의 위기감을 심각하게 느끼고 있었던 것이다. 북한이 공개적으로 전쟁에 대비한 전투태세를 명령한 것은 이때가 처음이었다. 군사적 긴장감이 높아가고 있는 상황 속에서 한미 양국군은 사건의 원인이 된 미루나무를 절단하기 위한 작전을 수립하고 북한이 저항할 경우 개성을 점령하는 방안을 검토했다.[55]

북한은 위기감이 고조됨에 따라 평양 주민들에게 공습대비훈련을 실시하는 한편 20만여 명의 평양 주민을 지방으로 이주시키고 일반노동자들은 근무지가 아닌 전투위치에 재배치되었다.[56] 북한 전역이 전쟁 준비태세에 돌입한 것이다.

이 사건과 관련하여 유엔사령부는 북한에 군사정전위 소집을 요구하여 8월 19일 16시에 회의가 개최되었다. 이 회의에서 유엔사 측은 북한의 무자비한 행위를 강력히 비난하였으나 북한 측은 오히려 유엔사 측이 사건의 빌미를 제공하였으며 자신들은 자위적 행동을 한 것이라고 변명했다.[57] 북한 측은 유엔사 측의 항의를 통상적인 항의에 불과한 것이라고 판단한 것으로 보인다.

북한의 계속되는 변명과 억지주장 속에서 유엔사 측은 한국군과 합동으로 북한에 강력한 경고의 의미와 사건의 빌미가 된 미루나무를 제거하기 위한 보복계획을 수립하였다. 일명 '폴 버니언 작전(Operation Paul Bunyan)'이라고 불리는 이 계획은 한미 합동으로 진행되었다.[58]

이 당시 북한의 도발에 대해 강력한 응징을 주장하던 한국의 박정희 대통령은 8월 19일 한국의 육군 제3사관학교 졸업식 연설에서 "참는 데도 한계가 있다. 미친개에게는 몽둥이가 약이다."라는 유명한 말을 남기며 강력한 보복공격 의지를 표명하였다. 유엔사령부 스틸웰 사령관은 미루나무 제거 계획을 수립한 후 8월 20일 박정희 대통령을 만나 작전내용을 보고했다. 이 자리에서 박 대통령은 미루나무 절단작업은 미군이 담당하지만 경호 및 근접지원은 한국군이 맡겠다고 제안했다. 스틸웰 사령관은 한국 군인들이 무장을 하지 않는다는 조건으로 박대통령의 제안을 받아들였고 양국의 협의내용에 따라 미루나무 제거작전은 한미 합동작전으로 진행되었다.[59]

미국의 작전과는 별개로 한국정부는 독자적인 보복계획을 비밀리에 준비하고 있었다. 미루나무 제거 작전은 미군과 합동으로 진행하면서 작전이 진행되는 동안 한국군만의 독자적인 작전을 계획했다.[60] 한국군 제1공수특전여단은 합동참모본부장의 명령에 따라 64명의 특공대원을 편성하여 작전에 투입하였다.

작전은 8월 21일 새벽 6시 48분에 시작되었다. 이 작전을 지원하고 북한의 공격에 즉각 반격하기 위하여 수천 명의 한국군과 미군병력, 다수의 포병부대, 수백 대의 전투기와 공격 헬기 등이 대기하고 있었다.[61] 작전은 한 시간여가 소요되어 미루나무는 잘려나갔고 공동경비구역에 투입되었던 병력도 모두 철수함으로써 작전은 종료되었다. 벌목작업이 진행되는 동안 북한군은 작업광경을 지켜보기만 할뿐 어떠한 적대적 행위도 보이지 않았다.

미군과는 별개로 보복계획을 준비한 한국군 특공대 64명은 각종 무기를 소지한 채 미군 벌목작업반과 함께 공동경비구역에 진입한 후 북한군 초소 네 개와 북한군이 설치한 도로 차단기를 파괴하였다. 한국군의 갑작스러운 공격에도 북한군은 아무런 대응을 하지 않았다.

모든 상황이 완료된 후 8월 21일 당일 오후 북한 김일성은 최고사령관 명의로 유엔군 사령관 앞으로 판문점 도끼만행사건에 대한 유감을 표명하는 메시지를 전달해 왔다. 김일성이 자신들이 저지른 행동에 대해 자발적으로 유감을 표명한 것은 휴전협정 이후 이때가 처음이었다.[62]

미루나무 벌목작업이 완료된 후 북한은 공동 경비구역 내 경비구역 분리를 요구해 왔다. 경비구역 분리방안은 당초 유엔군이 제안했던 것으로 북한은 도끼만행사건이 발생하자 경비구역 협정 때문에 사건이 발생한 것처럼 변명하기 위해 이러한 제안을 한 것으로 보였다.[63] 9월 6일 유엔군 측이 북한의 제안을 수용하여 공동경비구역 분리에 합의함으로써 도끼만행사건은 공식적으로 종결되었다.

협상전략 평가

판문점 공동경비구역은 북한이 한반도의 상황을 국제적으로 알리고 선전하기에 적절한 장소였다. 한국전쟁의 휴전협정이 이루어진 장소이자 남북한 사이의 유일한 대화창구인 군사정전위가 개최되는 장소인 판문점은 냉전의 상징으로써 국제적 관심이 집중되는 장소였다. 이러한 지리적 특성과 역사적 상징성을 가진 판문점 경비구역은 북한이 미군과의 충돌을 통해 한반도의 위기상황을 국제사회에 생생하게 보여줄 수 있는 최적의 장소였다.

북한은 1976년에 들어서면서부터 미국과 한국이 전쟁 책동을 벌이고 있다고 강하게 비난하기 시작했다. 1975년 베트남 패망이후 한국정부는 미국과의 안보협력을 강화하고 북한의 전면적인 남침에 대비한 한미합동 훈련인 팀스피리트(Team Sprit) 훈련을 실시하는 등 북한에 대한 군사적 압박을 강화하였다. 이러한 한국의 군사적 압박에 부담을 느끼게 된 북한은 군사적 긴장을 유발하는 원인이 주한미군에 있다는 것을 국제사회에 보여주고 주한미군 철수 여론을 불러일으키기 위해 판문점에서 미군과의 충돌을 계획했던 것이다.[64]

판문점 도끼만행사건은 8월 18일 현장에서 우발적으로 발생한 사건이 아니다. 사건이 발생하기 2주일 전인 8월 6일 유엔군 측이 미루나무를 절단하려고 하자 북한 측이 이를 제지하여 나뭇가지만 정리하는 것으로 변경했기 때문이다. 또한 나뭇가지 치기는 매년 여름에는 정기적으로 실시해 오던 작업으로 북한군에게 전혀 새로운 작업이 아니었다.

북한은 유엔군 측이 미루나무 가지치기 작업을 실시할 것을 미리 알고 이 작업시간을 정치적·군사적으로 이용할 계획을 세워 놓았다고 추정할 수 있다. 다만 북한군들이 미군을 습격하는 과정에서 총기를 휴대하지 않았고 유엔군 측에서 작업을 위해 가져온 도끼를 사용하여 미군 장교를 살해했다는 것은 북한군이 처음부터 미군을 살해할 목적은 가지지 않았던 것으로 해석할 수 있다.[65]

이러한 추정과 관련하여 북한의 대남사업담당이었던 고위간부는 김정일이 당시 미군장교를 구타하되 총은 사용하지 말라고 지시했다고 증언했다.[66] 결과적으로 볼 때 미군장교가 예기치 않게 현장에서 살해됨으로써 북한도 당초 예측하지 못한 방향으로 사태가 급속하게 발전했을 개연성이 있다.

판문점 도끼만행사건이 북한도 예상하지 못한 과잉대응으로 사건이 확대되었다는 것을 추측하게 하는 것은 사건발생 3일 후 유엔군 측이 문제의 발단이 된 미루나무 벌목작업을 시작하자마자 북한 측이 김일성의 유감표명을 전달하며 더 이상 사건이 확대되지 않도록 서둘러 마무리 하고자 한 사실이다.[67] 척 다운스도 김일성이 직접 유감을 표명한 것은 판문점 도끼만행사건이 북한의 치밀한 계획 아래 실행된 것이 아니라 현장에서 흥분한 북한 군인들을 제대로 통제하지 못해 발생한 일종의 군기문란 사건이라고

분석했다.[68]

당시 미국 내에서는 베트남 전쟁의 후유증으로 주한미군 철수론이 힘을 얻고 있는 상황이었다. 북한은 세계의 이목이 집중되어 있는 판문점에서 고의적으로 미군과의 충돌을 일으켜 주한미군 철수론에 힘을 실어주고자 의도한 것이다.[69] 그러나 이러한 북한의 계획은 미군장교가 살해됨으로써 북한의 폭력성만 세계에 알리고 국제적 지지까지 상실하는 최악의 결과를 초래하게 되었다.

북한은 자신들의 예상과는 달리 사건이 확대되고 미국이 전쟁준비태세인 DEFCON 단계를 상향조정하면서 강력히 대응하자 오히려 전쟁 발발의 위협을 느꼈다. 푸에블로호 나포 사건 때와는 차원이 다른 미군의 전력 증가와 한미 연합전력의 전투준비태세 돌입은 미국의 단호한 대처 의지를 보여주는 것이었다.

판문점 도끼만행사건이 이전 사건들과 달랐던 점은 북한군의 공격모습들이 사진에 고스란히 담김으로써 사건발생의 책임을 전가하거나 쟁점화 시킬 수가 없을 정도로 증거가 명백했다는 점이다.[70] 이전 푸에블로호 나포 사건에서 보듯이 영해침범이나 간첩행위 여부를 가지고 다툴만한 쟁점이 존재할 수 없었다. 판문점 도끼만행사건은 북한의 책임이라는 사실이 명백하게 드러나 있었다. 이런 상황에서 북한을 지지해줄 수 있는 국가는 존재하지 않았다.

사건 발생 당시 북한은 비동맹 정상회의에 대표단을 파견한 상태였다. 이 회의에서 북한은 주한미군의 철수를 호소하는 결의안을 제출할 예정이었으나 판문점 도끼만행사건이 발생함으로써 회원국 대부분의 지지를 상실하였다.[71] 또한 비동맹회의에서 채택된 북한지지 결의안에 지지를 표명하던 회원국들이 지지 유보를 선언하자 북한은 9월 20일 개최되는 제31차 유엔총회 개막 하루 전에 결의안 제출을 자진 철회하였다.

북한은 판문점 도끼만행사건으로 유리하게 진행되던 국제회의에서 심각한 타격을 입었음을 스스로 인정한 것이다. 특히 북한을 지지할 것으로 예상했던 소련과 중국이 이 사건에 대해 침묵을 지킨 것은 북한에게 상당한 충격을 주었다. 한반도에서 전쟁발발이 우려되는 상황에서 소련과 중국이 침묵을 지킴으로써 북한에게 자제하라는 신호를 보낸 것이었다.

이러한 상황이 발생한 원인은 북한의 도발행위가 명백하게 드러난 증거가 공개되었기 때문이다. 판문점 도끼만행사건으로 북한에 대한 국제적 신뢰는 급속히 추락하게 되었다. 이후 북한은 판문점 공동경비구역에서 별다른 문제를 일으키지 않았다.

북한이 추진하던 미국과의 접촉시도도 어려워지게 되었다. 1969년부터 인민외교라는 이름으로 미국 내 진보적 인사들을 초청하는 등 미국과의 대화 창구를 마련하고자 노력하였으나 미군장교가 살해당하는 장면이 미국언론에 보도되고 미국인들의 여론이 악화되어 북한의 대미접근 시도는 좌절되었다.72) 판문점 사건을 계기로 북한의 외교적 입지가 엄청나게 약화된 것이다.

판문점 도끼만행사건 당시 미북 간 협상 상황은 게임모델의 보수행렬을 사용하여 명확하게 정리할 수 있다. 미군이 사망한 상황에서 양측간 협상의 핵심적인 쟁점사항은 북한의 사과와 미국의 미루나무 제거였다. 푸에블로호 사건과는 반대로 북한의 사과여부가 협상의 핵심 쟁점으로 떠오른 것이다. 북한의 잘못이 명백하고 확실한 증거사진들이 존재하는 상황에서 북한에 대한 미국의 사과요구는 너무나 당연한 것이었다.

판문점 도끼만행사건 협상 상황은 북한의 잘못이 명백하고 미군이 두 명이나 사망한 상황에서 북한은 당연히 사과하고 재발 방지를 약속해야 했다. 하지만 북한은 휴전회담과 푸에블로호 사건 당시 미국과의 협상경험을 살려 군사적 위협과 일방적인 변명으로 협상의 주도권을 잡으려고 시도했다. 북한 측은 자신들의 사과는 협상변수로 생각조차 하지 않는 듯했다.

반면 자국 군인이 살해당한 상황에서 미국의 협상태도는 이전과는 전혀 다른 것이 될 수밖에 없었다. 북한의 사과와 미루나무 제거는 당연한 것이었으며 북한이 이를 거부할 경우 북한에 대한 직접적인 공격까지 상정하고 있었다.

미국 측의 미루나무 벌목과 북한 측의 사과여부를 협상의 핵심 쟁점사항으로 삼아 보수행렬을 작성하면 <표 3-4>와 같이 표시할 수 있다.

표 3-4 보수행렬로 표시한 도끼만행 당시 미북 협상

		미국	
		벌목(C)	보복(D)
북한	사과(C)	2(CC), 2(CC)	1(CD), 3(DC)
	거부(D)	3(DC), 1(CD)	0(DD), 0(DD)

* 미국과 북한의 득실은 편의상 3, 2, 1, 0 숫자로 표시

양측이 사건의 책임소재를 두고 팽팽하게 대립하고 있는 상황에서 미국 측이 일방적으로 미루나무 벌목작전을 전개하자 북한 측은 미국의 강경한 태도를 실감하고 김일성이 곧바로 사과문을 전달함으로써 협상이 마무리되었다.

북한의 사과 거부와 미국의 보복공격으로 양측 모두 심각한 손실을 입을 수 있는 상황은 양측 모두 피하고 싶은 것이었다. 미국은 문제가 된 미루나무를 제거(C)함으로써 최소한의 명분을 지키고자 하였고 북한은 사건의 책임이 명백한 상황에서 신속하게 사과(C)를 표명하여 사건을 매듭짓고자 함으로써 협상은 양측의 타협점인 2(CC) 지점에서 이루어지게 되었다.

한편 북한은 판문점 도끼만행사건으로 발생한 위기상황을 북한내부 통제와 김정일 세습체제 구축에 적극적으로 활용하였다. 북한은 사건발생 초기 북한전역에 준전시상태를 선포하고 전쟁준비에 돌입했다. 또한 평양주민 수만 명과 주요시설 근무자들을 외곽지역으로 이주시켰다. 겉으로는 전쟁에 대비한 이주였으나 속내는 김정일 세습에 반대하는 주민들과 관리들을 지방으로 강제 이주시킨 것이었다.[73]

미국은 사건이 발생하자마자 군사적 무력시위와 함께 사건의 원인을 제

공한 미루나무를 제거하는 등 강력히 대응하여 휴전이후 처음으로 북한으로부터 유감표명을 받아내었다. 푸에블로호 사건으로 손상된 위신을 회복한 것이다. 이러한 결과에 대해 미국정부 스스로도 북한을 응징한 것이라고 평가하였다.[74)]

그러나 미국의 대응은 북한에 대한 직접적이고 강력한 보복응징이나 관련자 처벌 요구와 같은 실질적인 대응이 아닌 무력시위를 통해 북한의 양보를 얻어내는 수준에서 그치고 말았다. 미국의 대응에 전전긍긍하고 있던 북한의 입장에서 미국의 이러한 태도는 푸에블로호 사건 당시처럼 베트남 전쟁 이후 한반도에서 전쟁을 피하고자 하는 미국의 태도를 확인시키는 결과를 초래하였다.

사건 발생 초기 강력한 군사력의 동원과 전투준비태세상향 등의 조치를 취하여 북한을 압박하였으나 북한의 태도를 변화시키기 위한 실제적인 공격이나 북한지역에 대한 공중 폭격과 같은 군사행동으로는 이어지지 않았다. 한반도에서 미국의 군사적 행동에는 일정한 한계가 있다는 것이 드러난 것이다. 이러한 미국의 입장은 이후 북한이 무력도발을 시도할 때마다 유사한 형태로 반복되었다.

한국의 입장에서 판문점 도끼만행사건은 북한의 거듭되는 무력도발을 응징할 수 있는 기회라고 생각하고 강력한 대응을 주문하였으나 미국의 외교적 해결에 실망감을 표명했다. 하지만 주한미군 철수론이 확대되고 있는 시점에 발생한 도끼만행사건은 강력한 한미동맹과 호전적인 북한에 대응하기 위한 주한미군의 필요성을 미국에 알리는 계기가 되었다. 한국은 판문점 도끼만행사건을 국방력 강화의 기회로 활용하였다. 판문점 도끼만행사건으로 '한미연합군사령부(CFC: Combined Forces Command)' 창설이 신속하게 이루어졌다. 북한에 대처하는 과정에서 연합방위체제 구축의 필요성이 대두됨에 따라 미군의 계속적인 주둔을 보장하고 효율적인 연합작전 수행을 위해 1978년 11월 한미연합군사령부가 창설되었다.[75)] 북한의 도끼만행사건이 한미연합방위체제 강화라는 결과를 가져온 것이다.

북한은 국제적 이목이 집중되어 있는 판문점 공동경비구역에서 미군을 공격하는 무모한 벼랑 끝 전략을 구사하여 긴장감을 고조시킨 후 한반도에서 위기상황이 발생하는 원인이 미군의 한국주둔에 있음을 국제적으로 선전하고자 하였다. 북한의 목적은 자신들을 지지하는 비동맹 국가들에게 주한미군 철수의 필요성을 알리고자 한 것이었다. 하지만 북한의 이러한 전략은 국제적 지지 상실과 한·미간 군사적 협력 강화라는 예상치 못한 결과를 초래하였다.

반면 북한은 대외적으로는 곤경에 처한 상황 속에서도 내부적으로는 전쟁 위기감을 고취하여 주민통제를 강화하고 김정일 세습체제 구축을 완료하는 정치적 성과를 달성했다.

김정일은 판문점 도끼 만행사건을 주도하는 것은 물론 준전시상태가 선포된 것을 빌미로 자신의 권력세습에 부정적인 것으로 판단되는 당 간부와 평양 주민 수만 명을 강제로 변방지역으로 이주시키는 등 위기상황을 권력강화에 이용하였다.[76] 이러한 김정일의 행보는 북한이 벼랑 끝 전략을 단순한 외교적 수단으로서만이 아니라 내부의 정치적 목적을 달성하기 위한 수단으로 사용하고 있다는 것을 보여주고 있다.

판문점 도끼만행사건의 협상결과를 분석해 보면 북한의 무모한 도발행위가 북한에게 결코 유리하지만은 않았다는 것을 확인할 수 있다. 벼랑 끝 전략이 항상 북한에게 승리를 안겨다 준 것은 아니었던 것이다. 푸에블로호 나포와 같은 성과를 기대했을 북한에게 판문점 도끼만행사건은 커다란 실패를 안겨준 셈이었다.

표 3-5 판문점 도끼만행사건 협상 결과 평가

구 분	성 과	손 실
북 한	1. 김정일 세습체제 완성 2. 북한주민 통제 강화 3. 미군의 전쟁의지 확인	1. 국제적 지지 상실 2. 김일성 위신 훼손 3. 한미 안보협력 강화
미 국	1. 북한의 직접 사과 2. 미루나무 절단 3. 판문점 경비구역 분리	1. 미군 장교 사망 2. 대북응징 한계 노출
한 국	1. 한미연합사 창설 2. 주한미군 유지 3. 국민여론 결집	1. 한·미 간 견해차 발생 2. 대북응징 한계 노출

미주

1) 이신재, 『푸에블로호 사건과 북한』 (서울: 선인, 2015), p.121.
2) 미치시타 나루시게(2014), p.64.
3) 미첼 러너, 김동욱 역, 『푸에블로호 사건:스파이선과 미국외교정책의 실패』 (서울: 높이깊이, 2011), p.13.
4) 미첼 러너, 김동욱 역(2011), p.13.
5) 푸에블로호가 나포된 해역과 관련하여 미국은 북한 해안에서 16해리 떨어진 공해상이었다고 주장한 반면 북한은 영해라고 주장했다.
6) 미치시타 나루시게(2014), p.64－65.
7) 이신재(2015), p.125－126.
8) 원영수·윤금철·김영범, 『침략과 범죄의 력사』 (평양: 평양출판사, 2010), p.342.
9) 정창현, 『곁에서 본 김정일』 (서울: 김영사, 2000), p.201.
10) 미첼 러너, 김동욱 역(2011), p.129.
11) 『로동신문』, 1968년 1월 25일.
12) 척 다운스, 송승종 역(2011), p.196.
13) 미치시타 나루시게(2014), p.69.
14) 김희일, 『미제는 세계인민의 흉악한 원쑤』 (평양: 조국통일사, 1974), p.387.
15) 박태호, 『조선민주주의인민공화국 대외관계사 2』 (평양: 사회과학출판사, 1987), p.63.
16) 미첼 러너, 김동욱 역(2011), p.201.
17) 이신재(2015), p.136.
18) 척 다운스, 송승종 역(2011), p.200.
19) 『로동신문』, 1968년 2월 9일.
20) 미치시타 나루시게(2014), p.70.
21) 척 다운스, 송승종 역(2011), p.201.
22) 『로동신문』, 1968년 2월 5일.
23) 미치시타 나루시게(2014), p.73－74. 한국정부의 불만과 의구심을 해소하기

위해 미국은 강경한 대북성명을 발표하는 등의 노력을 기울였으나 한미 간의 긴장관계는 쉽게 해소되지 않았다.

24) 척 다운스, 송승종 역(2011), pp.202－203; 미치시타 나루시게(2014), pp.74－75.

25) 국방부 군사편찬연구소, 『국방사건사 제 1집』 (국군인쇄창, 2012), p.174.

26) 미치시타 나루시게(2014), p.76.

27) 미첼 러너, 김동욱 역(2011), pp.196－202.

28) 미첼 러너, 김동욱 역(2011), pp.80－81; 척 다운스, 송승종 역(2011), pp.206－207.

29) 『로동신문』, 1968년 2월 18일.

30) CBS News interview With Oleg Kalugin, 1995; 미첼 러너, 김동욱 역(2011), p.201.에서 재인용

31) 김일성, "조성된 정세에 대처하여 전쟁준비를 잘할 데 대하여" (1968년 3월 21일), 『김일성 저작집 22』 (평양: 조선로동당출판사, 1983), p.7.

32) 척 다운스, 송승종 역(2011), pp.209－212.

33) 척 다운스, 송승종 역(2011), p.223.

34) 미첼 러너, 김동욱 역(2011), pp.195－202.

35) 『두산백과』, https://terms.naver.com/entry.naver?docId＝1113483&cid＝40942& categoryId＝31778(검색일: 2022.1.29.); 1866년(고종3년) 8월 미국의 상선 제너럴셔먼 호가 대동강을 거슬러와 통상을 요구하며 총을 쏘는 등 행패를 부리자 평양주민들이 관군과 합세하여 제너럴셔먼호를 불태운 사건으로 북한은 제너럴셔먼호 사건을 김일성의 증조부인 김응우가 주도한 것으로 왜곡하여 선전하고 있으며 푸에블로호 나포 사건을 제너럴셔먼호와 연계하여 김일성 가계가 대대로 미국과 투쟁한 혁명가계임을 선전하는 데 이용하였다.

36) 미치시타 나루시게(2014), pp.95－96.

37) 이신재(2015), p.159.

38) 척 다운스, 송승종 역(2011), p.211.

39) 미첼 러너, 김동욱 역(2011), pp.275－305.

40) 이신재(2015), p.165.

41) 김정일, "미제의 전쟁도발책동에 대처하여 전투동원준비를 철저히 갖추자－조선로동당 중앙위원회 선전선동부, 군사부 일군들과 한 담화(1968년 2월 2일)", 『김정일 선집 제2권』 (평양: 조선로동당출판사, 2009), pp.417－427.

42) 척 다운스, 송승종 역(2011), p.203.

43) 미치시타 나루시게(2014), p.75. 당시 한국의 정일권 총리는 미국이 북한과의 직접협상을 지속한다면 한국은 제한적인 보복조치를 취할 수도 있다며 미국에게 강하게 항의하였다.

44) 국방부 군사편찬연구소(2012), p.175-176.

45) 미첼 러너, 김동욱 역(2011), pp.318-319.

46) 국방부 군사편찬연구소(2012), p.176.

47) 조성훈,『한미군사관계의 형성과 발전』(서울: 국방부 군사편찬연구소, 2008), p.216.

48) 미첼 러너, 김동욱 역(2011), p.319.

49) 국방부 군사편찬연구소(2012), pp.214-224.

50) 국방부 군사편찬연구소(2012), p.280

51) 미치시타 나루시게, 이원경 역(2014), p.143; 척 다운스, 송승종 역(2011), p. 231, 한국학중앙연구원(민족문화대백과), https://terms.naver.com/entry.naver?docId=531202&cid=46628&categoryId=46628(검색일: 2022.2.1)

52) 국방부 군사편찬연구소(2012), p.283.

53) 국방부 군사편찬연구소(2012), pp.285-288; 미치시타 나루시게(2014), p.144; '데프콘(DEFCON)'은 Defense readiness Condition의 약자로 미군의 전투준비태세를 말한다. 평화시기인 5단계부터 전쟁임박상태인 1단계까지 총 5단계로 구분되어 있으며 한국과 같은 휴전상태는 평소 4단계로 설정된다. 데프콘 3단계는 전쟁발발에 대비하여 전방부대는 전투진지에 투입되고 병사들에게 탄약이 지급되며 전투 장비들을 즉시 가동이 가능한 상태로 유지하게 된다. 휴전이후 한반도에서 데프콘이 3단계로 상향 발령된 것은 판문점 도끼만행사건이 발생한 당시가 처음이었다.

54)『로동신문』, 1976년 8월 20일.

55) 미치시타 나루시게, 이원경 역(2014), p.144.

56) 정창현(2000), pp.202-204.

57) 척 다운스, 송승종 역(2011), p.233, 국방부 군사편찬연구소(2012), pp.288-290.

58) 국방부 군사편찬연구소(2012), p.291. 폴 버니언은 미국의 옛날이야기에 나오는 힘센 거인 나무꾼의 이름이며 미루나무를 베어낸다는 상징적인 의미로 사용.

59) 국방부 군사편찬연구소(2012), pp.293-294.

60) 한국군의 독자적인 보복계획은 당시 작전의 책임자였던 박희도 전 육군참모총장이 저술한『돌아오지 않는 다리에 서다』(서울: 샘터사, 1988)에 자세히 묘사되어 있다.

61) 국방부 군사편찬연구소(2012), pp.296－299.

62) 척 다운스, 송승종 역(2011), p.235.

63) 미치시타 나루시게, 이원경 역(2014), p.155.

64) 홍석률. “1976년 판문점 도끼 살해사건과 한반도 위기”, 『정신문화연구』 28권 4호(한국학중앙연구원, 2005), p.281.

65) 미치시타 나루시게, 이원경 역(2014), p.165.

66) 정창현(1999), p.202.

67) 홍석률(2005), p.286.

68) 척 다운스, 송승종 역(2011), p.235.

69) 미치시타 나루시게, 이원경 역(2014), p.165.

70) 국방부 군사편찬연구소(2012), pp.323－324.

71) 미치시타 나루시게, 이원경 역(2014), p.170.

72) 홍석률(2005), p.289.

73) 미치시타 나루시게, 이원경 역(2014), pp.176－177. 당시 북한주재 헝가리 대사관이 본국에 보고한 내용으로 북한은 준전시 상태를 내부문제 해결에 이용하고 있다고 분석하였다.

74) 국방부 군사편찬연구소(2012), p.325; 미 국무성 동아태평양담당 차관보인 험멜(Arthur Hummel Jr.)은 하원 외교위에서 “이번 사건으로 북한이 응징을 받은 것이라 생각한다. 북한이 미국의 결의가 공공하다는 것을 파악하게 된 것만은 명백하다.”고 언급하면서 “앞으로 한반도의 미래안보체제와 관련하여 한국의 참가 없이는 북한과 협상하지 않겠다.”고 공언했다.

75) 국방부 군사편찬연구소(2012), p.329.

76) 미치시타 나루시게, 이원경 역(2014), p.175.

제4장

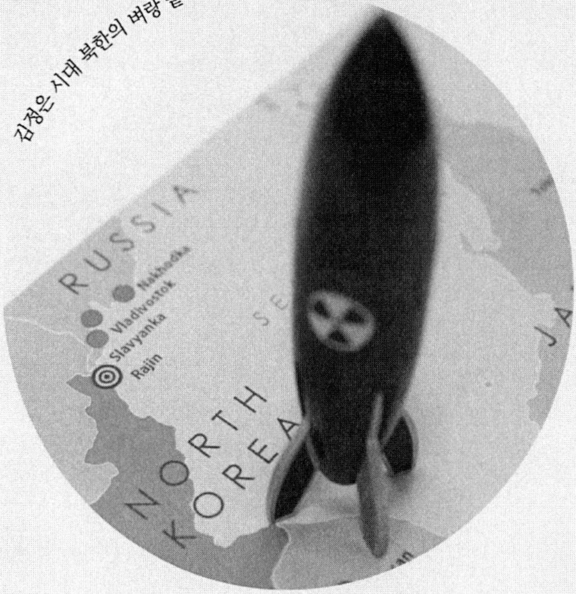

냉전이후 북한의 벼랑 끝 전략

|제4장|

냉전이후 북한의 벼랑 끝 전략

1. 1차 북핵 위기

사건개요

1990년대 초반 동유럽 사회주의 정권의 몰락과 소련이 해체되면서 냉전이 종식됨에 따라 북한은 대외정책의 최우선 목표를 체제유지와 정권의 생존보장에 두게 되었다. 냉전시기 미국을 상대로 대결적 자세를 유지하며 협상에서 최대한의 양보와 이득을 얻어내려던 북한은 냉전이 종식된 이후에는 핵무기 개발을 수단으로 체제생존을 위한 대미 벼랑 끝 전략을 구사하기 시작했다.

북한의 핵무기 개발 과정과 전략을 분석하기 위해서는 핵무기에 대한 기본적인 이해가 필요하다. 우리가 흔히 말하는 핵무기인 원자폭탄은 원자 하나가 여러 개의 원자로 분열되면서 방출하는 엄청난 에너지를 이용해 핵폭발을 일으키는 것이다. 핵분열을 일으키는 물질은 우라늄(U)과 플루토늄(Pu) 두 가지이며 우라늄으로 만든 핵폭탄은 '우라늄탄', 플루토늄으로 만든 핵폭탄은 '플루토늄탄'이라고 부른다.[1] 미국이 1945년 8월 일본 히로시마에 처음으로 투하한 핵폭탄이 우라늄탄이고, 두 번째 나가사키에 떨어뜨린 핵폭탄이 플루토늄탄이었다.

원자들의 핵분열을 이용하는 것과는 반대로 수소원자(H)들이 서로 융합될 때 발생하는 엄청난 에너지를 이용한 핵폭탄이 '수소폭탄'이다. 수소폭탄은 우라늄탄이나 플루토늄탄이 폭발할 때 에너지를 이용하여 핵융합을 일으키는 핵폭탄으로 폭발력이 핵 분열탄에 비하여 엄청나게 크다. 북한은 2017년 9월 6차 핵실험 후 수소폭탄 개발에 성공했다고 발표했다.

플루토늄탄은 원자로에서 핵연료를 태우고 남은 연료봉에서 추출한 플루토늄(Pu)을 이용하여 만드는 핵폭탄으로 제조방법이 비교적 간단한 것으로 알려져 있다. 그러나 플루토늄을 추출하기 위해서는 대규모의 재처리 시설이 필요하기 때문에 외부에 노출되기 쉬운 단점이 있다. 북한도 핵개발 초기에는 플루토늄 추출을 주로 시도하였으나 IAEA의 제재가 심해지자 은폐가 용이한 우라늄탄 생산을 추진하게 되었다.

우라늄탄은 천연상태의 우라늄을 몇 가지 정제 공정을 거쳐 핵폭탄 제조에 필요한 HEU(고농축우라늄)을 생산한 후 HEU를 이용해 핵폭탄을 제조하는 것이다. 우라늄을 이용한 핵폭탄 개발은 플루토늄을 이용하는 것에 비해 훨씬 고도의 기술이 필요한 방식으로 고가의 생산설비와 첨단기술을 필요로 한다. 하지만 플루토늄 핵폭탄을 제조하기 위해서는 우라늄 폐연료봉을 재처리하기 위한 대규모의 시설이 필요한 데 반해 우라늄 농축 설비는 시설규모가 작아 은폐하기 쉽고 한번 설비를 마련하면 대량생산이 가능하기 때문에 대부분의 핵무기 보유국들은 우라늄탄을 생산하고 있다. 북한도 핵개발 초기에는 제조가 용이한 플루토늄 탄을 생산하였으나 2000년대부터는 우라늄탄을 생산하고 있는 것으로 알려져 있다.[2] 2차 북핵 위기가 시작된 원인도 북한이 우라늄 폭탄을 생산할 수 있는 HEU 개발을 시인했기 때문이다.

핵폭탄 개발의 과정에서 플루토늄탄이나 우라늄탄을 기폭장치로 사용하는 수소폭탄은 핵무기 개발의 최종단계라 하겠다. 북한이 수소폭탄 실험을 했다는 것은 핵무기 개발이 완료되었다는 것을 의미한다.

핵폭탄 제조를 위한 생산 공정은 다음의 <그림 4－1>과 같이 간략하게 정리하여 도식화 할 수 있다. 우라늄 원석은 정제과정을 거쳐 핵폭탄 재료로 가공되며 원자로에서 추출된 폐연료봉으로부터 재처리된 플루토늄은 재처리 과정을 거쳐 핵폭탄 재료로 이용된다.

그림 4-1 핵폭탄 제조 공정

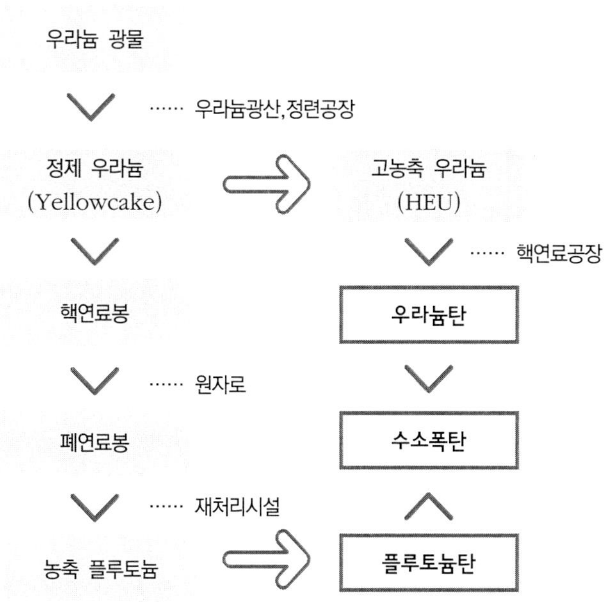

출처: 이용준(2018), p.35를 참고하여 저자가 재작성

특히, 원자폭탄의 수백 배에 달하는 폭발력을 가지고 있는 수소폭탄은 핵폭탄 개발의 최종단계라고 할 수 있다. 수소폭탄은 플루토늄탄이나 우라늄탄을 기폭장치로 이용하여 핵융합 반응을 일으킴으로써 핵분열을 일으키는 원자폭탄에 비해 엄청난 에너지를 방출하게 된다.

북한이 핵무기에 관심을 갖기 시작한 것은 한국전쟁 당시 세계 유일의 핵보유국이었던 미국의 핵공격에 대한 두려움 때문이었다. 미국은 한국전쟁 당시 맥아더의 건의에 따라 북한과 만주지역에 20여 개의 핵폭탄 투하를 검토하였다.[3] 핵공격에 대한 두려움은 북한이 핵무기 개발에 집착하는 요인으로 작용하였다.

북한의 핵개발은 1955년 3월 북한과학원 내에 '원자 및 핵물리학 연구소'를 설치할 것을 결정하면서부터 시작되었다.[4] 1956년 3월에는 소련과 '원자력의 평화적 이용에 관한 협정'을 체결하고 300여 명의 과학자를 모스크바 인근 두브나(Dubna) 핵 연구소에 파견하여 핵 기술을 연구하도록 하였다. 1962년 영변에 원자력 연구소를 설립하고 1963년 6월 소련의 지원을 받아 영변에 2MWe 규모의 소형 실험용 원자로 IRT－2000의 도입을 추진하여 본격적으로 핵 기술을 연구하기 시작했다. 1964년에 연변에 종합 원자력 연구 단지를 조성함으로써 영변지역은 북한 핵개발의 중심지로 자리잡았다.[5]

북한이 원자력 연구단계를 넘어 핵무기 개발에 직접적인 관심을 갖기 시작한 것은 1960년대 초반부터였다. 1961년 쿠바미사일 위기[6]당시 흐루시초프의 굴복을 목격한 김일성은 핵무기 개발을 추진하기 시작했다. 1964년 중국이 핵무기 개발에 성공하자 김일성은 중국의 모택동에게 편지를 보내 핵무기 개발 지원을 요청하였으나 거부당했다.[7]

중국으로부터 핵개발 지원을 거부당한 북한은 1970년대부터 자력으로 핵개발을 추진하기 시작했다. 1974년 9월 IAEA(국제원자력기구)에 가입하여 핵개발을 위한 합법적인 장치를 마련한 후 1979년 영변 핵 단지 내에 플루토늄(Pu) 생산이 용이한 5MWe 원자로 건설을 시작하였다. 1980년대 후반부터는 영변에 50MWe급 원자로와 폐연료 재처리 시설은 물론 핵연료 제조공장 등을 모두 설치하여 본격적으로 핵무기 개발을 추진하게 되었다.[8)]

북한의 핵무기 개발활동은 1982년 초 미국 첩보위성에 5MWe 원자로가 포착되면서 외부에 알려지기 시작했다.[9)] 미국이 소련을 통해 북한이 NPT(핵확산금지조약)에 가입하도록 압력을 가하자 북한은 1985년 12월 12일 NPT에 가입하였다. 북한은 NPT 조약에 가입함으로써 외형상으로는 모든 핵시설에 대한 국제사찰을 받는 것은 물론 IAEA(국제원자력기구)와 핵안전협정을 체결해야 할 의무를 지게 되었다.[10)] 북한은 NPT에 가입한 지 6년여가 지난 1992년 1월 IAEA(국제원자력기구)와 핵안전협정을 체결함으로써 핵개발 의도를 은폐하고자 하였다.

은밀하게 진행되던 북한의 핵개발은 1989년 9월 프랑스 상업위성 'SPOT 2호'가 영변 핵 시설 사진을 공개하면서 국제적인 관심을 모으게 되었고 북한의 핵개발을 저지하기 위한 국제사회의 노력이 시작되었다. 북한의 핵개발 사실이 확인되자 한·미 당국과 국제사회는 북한의 핵개발 문제를 해결하기 위해 IAEA와 북한 간 안전협정 체결 교섭, 남북고위급회담, 노태우 대통령의 한반도비핵화선언(1991.11.8.), 팀스피리트 훈련 중단 등 다각적인 노력을 기울였다.

북한은 국제적인 압력으로 인해 1985년 12월 NPT에 가입하였으나 1992년 1월 IAEA와 핵안전협정을 체결할 때까지 핵무기 개발 사실을 지속적으로 부인하면서 오히려 한미합동 군사훈련중단과 주한미군의 핵무기 철수를 집요하게 요구하였다.

한국은 북한의 핵개발을 저지하기 위해 1991년 11월 한반도 비핵화선언을 발표한 데 이어 12월에는 한반도에 핵무기가 존재하지 않는다는 것을 확인하는 '핵 부재 선언'을 발표하였다. 이러한 한국정부의 노력의 결과 남북 핵협상이 개시되고 1992년 1월 20일 '남북비핵화공동선언'이 채택되었다. 이 선언에 따라 북한은 핵개발 포기와 남북 상호 핵사찰에 동의하고 1월 30일 IAEA와 안전조치협정을 체결하였다.

북한은 IAEA와의 협정에 따라 1992년 5월 핵시설 및 핵물질과 관련한 보고서를 제출하고 임시사찰을 수용했다. IAEA의 사찰결과 단 1회의 재처리로 90g의 플루토늄을 추출했다는 북한 측 보고서 내용과는 달리 최소 3회에 걸쳐 10여kg의 플루토늄을 추출한 흔적이 발견되었다.[11] 이에 IAEA는 1993년 1월 북한이 신고하지 않은 2개의 미상시설에 대한 특별사찰을 정식으로 요구하였으나 북한은 미상시설이 군사시설임을 이유로 사찰요구를 거부하였다.

북한은 특별사찰 요구에 대해 "특별사찰을 거론하는 것은 우리를 군사적으로 무장해제 시켜 보려는 불순한 정략적 목적으로부터 출발한 범죄행위"라고 강력히 비난하였다.[12] 이어 3월 8일에는 '준 전시상태'를 선포하고 3월 12일에는 NPT 탈퇴를 선언함에 따라 제1차 북핵 위기가 발생하였다. 핵개발을 무기로 미국과 국제사회를 향한 북한의 벼랑 끝 전략이 시작된 것이다.

협상전략 및 결과

북한은 NPT 탈퇴를 선언한 후 외무성 대변인을 통해 팀스피리트 훈련 중지, 미국의 대북 핵위협제거, 미국과의 직접협상 등을 요구하였다. 또한 내부적으로는 "팀스피리트 훈련은 한반도 북부를 선제 기습공격하기 위한 핵전쟁 연습"이라고 규정하고 최고사령관 김정일 명의로 '전시 준비태세' 돌입을 명령하였다. 이에 따라 고위 장성들은 지하방공호로 대피하고 전 부대에는 탄환이 지급되었으며 휴가는 취소되었다.[13] 로동신문은 "미국과 그 추종자들의 이러한 음모를 저지시키지 못하면 온 민족을 대결과 전쟁에 몰아넣고 대국들의 희생물로 내맡기는 결과만을 초래하게 될 것"이라며 미국과의 대결 의지를 강조하였다.[14]

NPT 탈퇴와 전시 준비태세 돌입 등 북한의 강력한 반발에 대해 한국과 미국은 북한의 결정을 강하게 비판하면서도 외교적 해결방안을 모색하였다.

한국의 김영삼 대통령은 북한과의 관계개선을 통해 위기를 해결하고자 하였으며 "무력으로 대응하는 대신 온건한 자세로 대응할 것"이라고 언급했다.[15] 또한 북한에 대한 화해의 표시로 남파간첩이자 미전향 장기수였던 이인모를 북송하겠다고 발표했다. 한국정부의 유화 제스쳐에도 불구하고 북한이 미사일 발사를 강행하는 등 도발이 계속되자 김영삼 대통령은 6월 3일 "핵무기를 가진 나라와는 악수할 수 없다."며 강경 대응으로 전환하였다.[16]

미국은 유엔과 IAEA를 통한 대북압박으로 문제를 해결하고자 시도하는 한편 북한과의 직접 교섭을 추진하였다. 미국의 대북 직접접촉 추진은 북한의 제안에 따른 것이었다. 북한은 NPT 탈퇴선언 2주 뒤인 3월 24일 준전시상태를 해제하고 미국에 북미 양자회담을 제안하였다.[17]

1993년 6월 2일 1차 북·미고위급회담이 뉴욕의 유엔 대표부 건물에서 개최되었다. 미·북 양자 간의 공식협상이 휴전회담이후 40년 만에 이루어진 것이다. 이 자리에서 북한이 "NPT 복귀는 불가하며 미국이 대북 위협을 중단한다면 핵무기를 만들지 않겠다."고 주장하자 미국은 NPT탈퇴 시 유엔안보리를 통한 제재를 시사했다. 회의결과 북한의 NPT 탈퇴 임시 중지와 미국의 안전보장을 내용으로 하는 '북미공동성명'이 발표되었다. 북한은 북미회담을 '역사적인 회담이자 승리를 획득한 회담'이라고 평가하고 회담이후 대미 비난을 자제하는 것은 물론 미군 유해를 반환하는 등 우호적인 분위기를 조성해 나갔다.[18]

북한은 핵개발을 무기로 미국과의 직접 협상을 성사시킨 것은 물론 한국을 회담석상에서 완전히 배제하였다. 핵개발이라는 민감한 문제가 협상의 주제로 등장하자 미국은 한반도 문제에서 한국의 역할을 제대로 인정하지 않았던 것이다. 뉴욕회담 이후 북한은 핵문제에 있어 한국을 협상의 상대로 여기지 않았다.[19]

북·미 양자 간 협의와 공동성명 발표에 대해 한국은 강한 불만을 표시하였고 미국의 클린턴 대통령은 7월 중순 한국을 방문한 자리에서 "북한의 핵무기 개발은 부질없는 것이다. 북한의 핵무기 사용은 곧 북한의 종말을 의미한다."고 강하게 경고했다. 한국의 불만을 무마하기 위한 클린턴 대통령의 발언은 한국으로부터 긍정적인 반응을 얻었으나 북·미 간 협상이 진행될수록 한국은 핵문제 해결에 있어서 점점 소외되는 상황을 맞게 되었다.[20]

1993년 7월 14일 스위스 제네바에서 2차 북미고위급회담이 개최되었다. 2차 회담에서 북한은 핵심의제로 경수로 지원 문제를 거론하였다. 북한 측 수석대표인 강석주는 영변 핵시설을 경수로로 대체할 준비가 되어 있다면서 미국이 경수로를 지원하는 동안 핵 프로그램을 동결하고 IAEA의 감시를 허용하는 것은 물론 NPT 복귀도 선언할 것이라고 강조했다. 미국이 경수로만 제공해 준다면 모든 문제가 해결될 수 있다는 제안을 한 것이다.

북한은 핵발전 시설을 제공받아 전력난 해결과 동시에 핵무기 개발 논란에서 벗어나고자 하였다. 미국의 핵 전문가들은 북한의 제안에 대해 경수로 제공은 엄청난 비용과 기술이 필요한 것으로 터무니없는 것이라고 분석하면서도 북핵문제를 해결할 수 있는 방안이라 판단했다.[21]

2차 고위급 회담은 북한에 경수로 지원 방안을 강구한다는 수준에 합의한 후 공동성명이 아닌 별도로 언론보도문을 발표하는 수준으로 종결되었다. 미국의 이러한 선택은 북·미 접촉에서 소외된 한국의 불만을 무마하기 위한 것이었다.[22]

두 차례의 합의에 기초하여 1993년 8월 IAEA 사찰단이 방북하여 핵 시설 사찰을 시도하였으나 북한은 감시 카메라의 테이프와 배터리 교체만 허락한 채 5MWe 원자로와 재처리 시설에 대한 접근을 거부하였다. 이러한 북한의 태도에 대해 IAEA와 유엔은 핵사찰 수락을 촉구하는 결의안을 채택하였다.

한국도 특사교환을 위한 남북 실무접촉을 실시하였으나 북한이 팀스피리트 훈련취소와 국제공조체제 포기를 요구하면서 진전이 이루어지지 않았다. 결국 한국정부는 북한이 IAEA의 핵 사찰을 허용하지 않을 경우 팀스피리트 훈련을 예정대로 진행하겠다고 공개적으로 선언했다. 이에 대해 북한은 한국정부를 비난하며 남북대화 중지를 발표하였다. 북한의 김광진 인민무력부 부부장은 "대화에는 대화로, 전쟁에는 전쟁으로 대답한다는 것이 우리의 립장"이라고 언급하며 전쟁의 위기감을 고조시켰다.[23] 북한이 벼랑 끝 전략 카드를 다시 사용하기 시작한 것이다.

미국과 국제사회의 핵사찰 압력이 거세지자 북한은 강경대응으로 돌변했다. 비무장 지대의 병력을 강화하는 한편 외교부 성명을 통해 "나라의 자주권을 수호할 만반의 준비가 되어 있다. 미국이 끝내 조미공동성명의 원칙을 백지화하고 회담을 그만두겠다면 우리도 [NPT] 조약탈퇴 효력 발생을 더 이상 불편하게 정지시켜 놓고 있을 필요가 없게 될 것이다."라고 강하게 반발했다.[24] NPT 탈퇴를 재강조하면서 미국을 강하게 압박한 것이다.

북한은 위기감을 조성하면서도 미국에 대화 재개를 지속적으로 요구하였다. 1993년 10월 북한은 북미현안에 대한 일괄타결안(package deal)을 제안하였다. 일괄타결안은 IAEA 사찰 허용 대가로 팀스피리트 훈련을 중지하고 북한이 NPT 회원자격을 이행하면서 한반도 비핵화 공동선언 이행 준비에 합의할 경우 미국은 대북 무력사용을 금지하는 평화협정 체결과 경수로 지원 및 북미외교관계를 수립하자는 내용이었다. 북한은 일괄타결안을 11월 12일 평양 중앙방송을 통해 공개적으로 발표하면서 이 제안이 북한의 공식 입장임을 분명히 했다. 북한의 공개적인 제안에 대해 미국은 북한이 IAEA 사찰을 수용하고 한국과의 대화를 재개한다면 이듬해로 예정되어 있던 팀스피리트 훈련을 취소하고 3차 북미협상을 재개할 용의가 있음을 표명하였다.

당시 미국은 북한의 제안을 수락하면서도 북한에 대한 제재와 북한 핵시설에 대한 공격 등과 같은 군사력 동원 방안 등을 다양하게 검토하였으나 엄청난 비용이 드는 반면 효과를 장담할 수 없고, 특히 북한의 핵시설을 공격한다 해도 이미 추출이 완료된 플루토늄은 파괴할 수 없다는 부정적 결론에 따라 외교적 해결방안을 모색하게 되었다.[25]

북·미 양국은 1993년 11월 이후부터 1994년 2월 25일까지 수차례의 실무 접촉을 통해 IAEA 대북사찰 허용, 남북특사 교환을 위한 실무접촉, 3차 북·미고위급회담 개최 일정 확정, 1994년도 팀스피리트 훈련 중지 등을 내용으로 하는 합의문을 공식 채택하였다.

북·미 간 협의가 진행되는 도중에도 미국은 패트리어트 미사일의 한국배치를 발표하고 한국의 국방장관은 북한이 사찰을 받아들이지 않을 경우 팀스피리트 훈련을 재개해야 한다고 발언하는 등 긴장이 고조되었다. 북한 외교부도 "미국이 그 어떤 다른 방도를 선택하겠다면 우리도 그에 상응한 대응방도를 선택할 것"이라며 강하게 반발했다.[26]

북·미 간 합의에 따라 1994년 3월 1일 IAEA 사찰단이 영변지역의 핵시설에 대한 사찰활동을 벌였으나 핵심시설인 플루토늄 재처리 시설에 대한 사찰은 거부당했다. IAEA는 3월 15일 사찰단을 철수시키면서 북한의 핵 활동에 대한 규명이 불가능하다고 공식 선언하고 유엔 안보리에 북한 핵 사찰 결과를 보고했다. 북핵 문제가 IAEA에서 유엔 안보리로 넘겨진 것이다. 당시 미국의 클린턴 대통령은 퇴임 후 회고록에서 "전쟁의 위기를 감수하더라도 북한의 핵개발을 막겠다."고 결심했다고 밝혔다.[27]

한편 북·미 간 합의에 따라 1994년 3월3일부터 남북 특사교환을 위한 실무접촉이 진행되던 중 3월 19일 한국 측 대표가 "핵문제가 해결되지 않으면 팀 스피리트 훈련 재개 등 어떤 결과가 초래될지 모른다."고 북측을 압박하자 북한 박영수 대표가 "전쟁이 일어나면 서울은 불바다가 될 것이고 당신도 무사하지 못할 것"이라는 발언을 쏟아냄으로써 협상은 결렬되었다.[28] 박영수의 발언은 방송을 통해 공개되었고 북한에 대한 비난여론이 급등함에 따라 미국은 3월21로 예정되어 있던 3차 북·미고위급회담을 취소하였다. 북한이 NPT 탈퇴를 선언한 이후 1년여에 걸친 협상노력이 사라지고 전쟁 위기감이 다시 고조되기 시작했다.

북·미 간의 협상이 결렬되자 한국은 전군에 특별경계령을 하달하고 주한미군의 패트리어트 미사일 배치를 수락하는 한편 팀스피리트 훈련 재개를 추진했다. 3월말부터 패트리어트 미사일 3개 포대가 한국으로 수송되기 시작했고 팀스피리트 훈련도 11월로 결정되었다. 당시 미국의 윌리엄 페리(William

Perry) 국방장관은 실질적인 전쟁 위험단계에 진입했다고 토로했다.[29)]

북한은 4월 4일 외교부 성명으로 "동결시켜온 평화적 핵 활동을 정상화하는 것이 불가피하다."고 경고하고 5MWe 원자로 가동 중단과 핵연료봉을 교체할 것을 시사했다. 북한의 군사훈련 규모도 급격히 확대되어 기계화 부대의 기동훈련, 예비전력 동원, 등화관제, 피난훈련, 통신네트워크 보안점검 등이 집중 실시되었다.[30)] 북한도 위기상황의 심각성을 인식하고 전쟁준비에 돌입하기 시작했다.

위기가 심각해지고 있는 상황 속에서 4월 19일 북한의 강석주 외무성 부부장은 미국 측 협상대표였던 갈루치 차관보에게 5월 4일부터 5MWe 원자로 가동을 중단하고 핵연료봉을 교체할 것이라고 통보하고 5월 8일부터 약 한 달에 걸쳐 8천개의 연료봉을 인출했다. 핵연료봉을 교체한다는 것은 플루토늄 추출 증거를 없애고 핵무기 생산을 위한 플루토늄을 추가로 추출하겠다는 것으로 해석할 수 있다. 핵연료봉 추출은 북한이 핵 협상과정에서 보여준 벼랑 끝 전략의 가장 극단적인 선택이었다.

북한의 행동에 대해 IAEA는 6월 10일 대북 제재 결의안을 채택하고 유엔 안보리에서 대북제재가 논의되자 북한은 6월 13일 IAEA를 탈퇴하고 대북제재는 곧 선전포고라는 공식입장을 표명했다. 북한과의 협상의 여지는 더 이상 존재하지 않았으며 미국은 북한의 핵시설에 대한 군사적 공격을 검토하기 시작했다.

미국은 북한이 핵연료봉 제거를 시작하자 전쟁을 포함한 북한에 대한 군사적 공격방안을 검토하기 시작했다. 항공모함 인디펜던스호를 한반도 부근에 배치하고 공격헬기와 미군병력 1,000여 명을 한국에 추가로 배치하였다. 또한 한국 내 전력증강을 가정해 수천 명의 군인을 비전투 목적으로 한국에 파병하는 것부터 5만 명의 이상의 병력과 항공기 400대, 함정 수십 척 및 다연장로켓과 패트리어트 미사일 추가 배치, 예비역 소집과 항공모함 추가 배치에 이르는 다양한 방안들을 검토했다.[31)]

미국의 페리(Perry) 국방장관은 샬리카쉬빌리(John Shalikashvili) 합참의장,

럭(Gary Luck) 주한미군사령관과 함께 한반도에서 전쟁 발발 시 발생할 피해 규모에 대하여 클린턴 대통령에게 보고하였는데 당시 보고에 따르면 전쟁 발발 초기 미군 사망자 5만 2천 명, 한국군 사상자, 49만 명과 더 많은 수의 민간인과 북한군 사상자가 발생하고 전비는 6백 10억 달러를 초과할 것이라고 예상했다.

한국정부도 북한과의 모든 교역을 중단하고 예비군에 대한 소집점검을 실시했다. 미국은 영변 핵시설에 공중폭격을 가해 원자로와 재처리 시설들을 파괴하는 방안도 검토했다. 하지만 공중 폭격으로는 이미 추출된 플루토늄까지 파괴할 수 없으며 전면전으로 이어질 우려가 있다는 판단에 따라 보류되었다.

전쟁에 대한 위기감이 현실화하기 시작하자 한국의 김영삼 대통령은 처음의 강경한 태도와는 달리 전쟁 발발을 우려하기 시작했다. 김 대통령은 자신의 회고록에서 “미국은 영변을 폭격할 계획을 세우고 있었고 미국이 북한을 폭격할 경우 북한은 엄청난 규모의 화력을 한국을 향해 쏟아 부을 것이 뻔했다. 한반도에서 전쟁은 절대 일어나서는 안 되는 일이며 클린턴 대통령에게도 이런 뜻을 강력하게 전달했다.”고 밝혔다.[32]

전쟁의 위기가 고조되고 있는 상황 속에서 북한은 겉으로는 전쟁도 불사하겠다는 강한 의지를 선전하고 있었으나 내부적으로는 북미회담 개최를 희망했다. 미국의 클린턴 대통령도 외교적 해결방안을 모색하기로 하고 샘 넌(Sam Nunn)과 리처드 루가(Richard Lugar) 두 명의 상원의원에게 북한에 가서 김일성을 만나달라고 요청했다.[33] 그러나 북한의 거부로 방북 면담은 성사되지 못했다.

북한과의 협상을 모색하던 상황에서 카터 전 대통령이 방북을 제안해왔다. 카터는 1991년부터 93년까지 김일성으로부터 방북초청을 받고 있었지만 미 국무부와 한국정부의 반대로 성사되지 못한 상태였다. 1994년 6월 15일 방북한 카터와 만난 김일성은 북한이 핵 시설을 동결할 용의가 있으며 미국이 경수로를 제공해 주면 영변의 원자로를 해체하고 NPT에도 복귀

하겠다면서 김영삼 대통령과의 남북정상회담을 제안하였다.

카터 대통령과 김일성의 합의로 위기상황은 급격히 해소되었다. 전쟁 발발의 공포를 느끼고 있던 김일성의 입장에서 북한에 우호적이었던 카터의 방북은 자신의 체면을 손상하지 않고 미국과 협상을 재개할 수 있는 빌미를 제공해 준 셈이었다. 한국정부도 카터가 김일성의 남북정상회담 제안을 전달하자 곧바로 수락의사를 발표하였다.

카터의 합의 결과에 따라 북미 양국은 1994년 7월 8일 제네바에서 3차 북미회담을 갖기로 합의하였다. 3차 회담에서는 북핵문제 해결을 위한 경수로 제공과 북미관계 개선 등을 논의하기로 하였다. 또한 7월 25일 평양에서 남북간 정상회담을 개최하기로 합의하였다. 하지만 7월 8일 김일성이 갑자기 사망함으로써 예정되었던 일정들이 모두 순연되었다.

김일성 사망으로 중단된 북·미 회담은 한 달여가 지난 8월 5일 제네바에서 재개되어 경수로 공급, 핵 재처리 시설 동결, NPT 복귀, IAEA 사찰 허용, 북미관계 개선 등을 주제로 협상이 진행되었다. 3차 회담에서 최대의 쟁점은 핵시설에 대한 특별사찰 허용과 경수로 제공 문제였다.

특히 경수로 제공은 기술적 문제뿐만 아니라 40억 달러에 이르는 비용부담이 필요했다. 당시 미 의회는 "북한이 핵개발을 포기하지 않는 한 북한에 대한 원조를 금지한다."는 내용을 골자로 한 「해외원조법(Foreign Assistance Act)」 개정안을 통과시킨 상태였다. 경수로 제공을 위한 비용부담의 가능성을 법으로 막아버린 것이다. 결국 경수로 제공 비용은 한국이 대부분을 부담하고 일본이 일부비용을 지원하는 것으로 잠정 합의하였고 비용문제를 해결한 미국은 북한과의 합의 도출에 속도를 내게 되었다. 일본정부가 일부비용을 지원하겠다고 약속하였으나 실질적으로는 한국정부가 대부분의 경수로 제공 비용을 부담하게 되었다.

표 4-1 제 3차 북미회담 핵심 쟁점사항

구 분	미국 측 주장	북한 측 주장
경수로 제공	경수로 제공시 핵개발 중단 및 핵시설 해체 약속	1000MWe 경수로 2기 제공
핵 시설 동결	핵 프로그램 동결, 흑연로 건설작업 중단	경수로 보장서한 수령 후 재처리시설 동결
IAEA 특별 사찰	즉시 허용	절대불가
5MWe 연료봉	재처리 불가, 국외반출	재처리 없이 영변에 보관
핵시설 해체	경수로 건설과 동시 해체	경수로 가동 시 해체
비핵화 선언 이행	비핵화 선언 준수 약속	비핵화선언 이행의사를 표명
중유 지원	5MWe 원자로 중단 시 지원	경수로 완공까지 매년 50만 톤을 제공

출처: 이용준, 『북핵 30년의 허상과 진실: 한반도 핵 게임의 종말』 (경기도 파주: 한울아카데미, 2018), p.129. 표를 참고하여 저자가 재정리

협상이 진행되는 동안에도 미국과 북한은 군사력 동원을 경고하는 압박 전략을 지속했다. 북한의 협박과 위기조성 전략을 파악한 미국도 유사한 전략으로 대응한 것이다. 당시 미 태평양함대 사령관 로날드 즐라토퍼(Ronald Zlatoper)는 "우리는 항공모함 임무부대를 한반도 앞바다에 배치하고 있다." 고 언급하며 북한을 강하게 압박했다.

북한 외교부는 "대화에는 대화로, 힘에는 힘으로 끝까지 맞서는 것이 우리의 인민과 군대의 기질이고 의지이다."라며 미국에 경고했다.[34] 북한 인민무력부

도 "미국이 무력대결로 나오고 있는 이상 우리도 언제까지나 회담에만 매달려 있을 수 없다."고 발표했다.35)

미국과 북한의 상호 공방전은 회담을 유리하게 이끌어 가기 위한 심리전에 불과했으며 실제적인 군사력 동원으로 이어지는 것은 아니었다. 하지만 그동안 북한의 위협에 수동적으로 대응해 오던 미국이 맞대응 전략으로 강경 대응한 것은 북한의 협상의도와 협상기법을 어느 정도 파악했다는 것을 의미한다. 북한과의 협상이 반복되면서 미국은 엄포와 우기기로 일관하는 벼랑 끝 전략의 속내를 간파한 것이다.

표 4-2 북미 제네바 기본합의문 주요내용

1. 양측은 북한 흑연로 및 관련시설의 경수로 대체를 위해 협력한다.
2. 양측은 정치적인 관계와 경제적 관계의 완전한 정상화에 노력한다.
3. 양측은 한반도의 비핵화와 평화, 안전을 위해 공동 노력한다.
4. 양측은 핵의 비확산 체제 강화를 위해 공동 노력한다.

출처: 「북미 제네바 기본합의문」 전문을 참고하여 저자가 재정리

1994년 10월 21일 미국과 북한은 '제네바 합의'라고 불리는 '미북 합의문(Agreed Framework between USA and DPRK)'에 서명하였다. 미국은 한국과 일본의 사전 동의 아래 합의결과에 따라 북한에 제공해야 할 경수로 공사비용의 부담을 요구했다. 한국이 70%의 비용을 부담하기로 서면 약속한 것과는 달리 일본은 '적절한 기여(due contribution)'를 하겠다는 구두 약속만 했다. 결과적으로 한국이 모든 경비를 부담하게 되는 셈이었다. 당시 미국의 클린턴 행정부는 북한이 조만간 붕괴할 가능성이 높은 것으로 판단한 데다가 경수로 제공 비용은 한국과 일본에 부담시킨다는 생각으로 북한의 요구를 대부분 수용하고 서둘러 합의서에 서명하는 실수를 저질렀다.36) 북·미

양국이 '기본합의문'에 정식 서명함으로써 1차 북핵 위기는 종료되었다.

북한은 제네바 합의를 통해 핵개발을 추진할 수 있는 충분한 시간을 확보하는 것은 물론 막대한 경제적 지원까지 약속받는 외교적 승리를 거두게 되었다. 1차 북핵 위기를 거치면서 북한은 벼랑 끝 전략의 효력을 확실하게 인식하게 되었다.

협상전략 평가

미·북 간 제네바 합의가 타결되자 북한은 외교적 승리라며 크게 자축한 반면 한국정부와 미국정부는 협상결과에 대해 안팎의 비난에 시달리게 되었다. 미국의회와 언론들은 북한의 NPT 위반을 경수로와 중유라는 뇌물로 무마하는 나쁜 선례를 남겼으며 결과적으로 북한에 굴복한 것이라고 비난했다. 일부 연구자들은 미국은 김일성 사망 후 북한이 곧 붕괴할 것이라는 기대와 판단으로 제네바 합의에 성급하게 서명한 것이라고 분석했다.[37)]

한국도 제네바 합의에 대해 비판적 입장이었다. 합의내용이 핵시설 동결과 같은 잠정 조치에만 집중되어 있는 반면 경수로 제공과 중유 지원이라는 물량 제공과 비용부담이 포함되었기 때문이다. 북·미 간 직접협상이 이루어지는 동안 한국정부를 배제했던 미국이 경수로 제공 비용은 한국에 부담시켰다는 사실은 한국 국민들을 분노시키기에 충분했다.

반면 북한은 제네바 합의를 외교적 승리라며 대대적으로 선전하였다. 북한은 미국과의 대결에서 어떻게 승리를 쟁취했는지를 소설형식으로 엮은 『력사의 대하』[38)]라는 소설책을 출간했으며 회담 대표였던 강석주 부부장은 영웅시 되었고 회담 대표단은 대대적인 환영을 받았다.

북한은 핵개발을 무기로 대내외적인 위기를 타개하는 데 성공했다. 한국에서 미군의 전술 핵무기를 철수시키고 한국과는 비핵화공동선언을 채택하여 한국의 핵무장을 원천적으로 차단하는 한편 팀스피리트 훈련을 중지시켰다. 또한 경수로 제공과 매년 중유 50만 톤을 무상으로 지원받게 됨으로써 에너지 문제를 해결할 수 있는 계기를 마련하였다. 북한이 제네바 합의를 통해 얻은 이득은 단순한 물질적 지원 이외에도 경수로가 완성될 때까지 IAEA의 핵사찰을 유예받음으로써 핵무기를 개발할 시간을 확보하였다. 일정 기간 동안 핵무장을 선택할 수 있는 권한을 확보함으로써 벼랑 끝 전략의 카드를 그대로 유지하게 된 것이다.[39]

게다가 북한이 추출하여 보관하고 있었을 것으로 예상되는 10여kg의 농축 플루토늄은 동결대상에 포함되지 않음으로써 북한은 핵무기 개발을 지속할 수 있는 안전장치를 확보한 셈이 되었다. 제네바 협상을 계기로 핵 협상에서 한국을 배제하고 미·북과의 직접 협상 구도를 형성한 것도 커다란 외교적 성과였다. 북한은 제네바 합의를 통해 최대한의 이득을 확보한 셈이었다.

북한의 NPT 탈퇴 선언으로 1차 북핵 위기가 시작되고 제네바 합의로 위기가 해소될 때까지 북한은 벼랑 끝 전략을 최대한 활용하였다. 1차 북핵 위기가 진행되는 동안 벼랑 끝 전략은 북한의 대표적인 협상전략으로 크게 주목되었다. 핵개발을 무기로 위기상황을 조성하여 미국의 양보를 강요한 북한의 전략은 위협의 크기와 파급력에서 냉전시기 푸에블로호 사건 해결 과정에서 보인 협상전략과는 차원이 다른 것이었다. 협상 상대방이 느끼는 공포와 위협의 정도에서 핵무기는 일반 재래식 전력과는 비교할 수 없을 정도로 강력한 효과를 가지고 있다. 북한은 이러한 차이를 최대한 이용하여 제네바 합의라는 외교적 승리를 거둔 것이다.

북한은 1차 북핵 위기가 발생하자 그동안 국제사회에 알려진 무모하고 예측불가능하며 호전적인 정권이라는 이미지를 최대한 활용하였다. 푸에블로호 나포 사건과 판문점 도끼만행사건을 비롯한 수많은 북한의 무력도발 행위는 국제사회에서 북한을 전쟁도 불사하는 폭력정권이라는 이미지로 고착시켰다. 북한은 국제사회에서 '또라이 집단'이었던 것이다. 북한은 국제사회의 이런 부정적인 이미지를 통해 미국으로부터 원하는 양보를 얻어내었다. 게임이론에서는 이러한 전략을 '명성·악명효과(Reputation effect)라고 부른다.[40]

북한은 핵개발 시설에 대한 국제사회의 사찰압력이 계속되자 1993년 3월 8일 '준전시 상태 및 주민 동원령'을 선포하여 전쟁 위기감을 고취시킨 후 곧바로 NPT 탈퇴를 선언하여 위기감을 극대화시키고 동년 5월 29일에는 노동미사일을 발사하여 위협을 증폭시켰다. 북한은 지속적인 위기조성으로 미국과의 직접협상을 이끌어 낸 이후에도 1994년 3월 19일 남북실무자 접촉회의에서 "전쟁이 나면 서울은 불바다가 된다."는 위협적인 발언을 지속했다.

4월 19일에는 핵연료봉 인출 및 재처리를 경고하고 5월 13일에는 미국에 핵연료봉 인출을 통보하였다. 5월 30일에는 동해상으로 대함미사일을 발사하고 6월 13일에는 미·북 협상의 최대 쟁점이었던 IAEA 사찰 수용을 정면으로 부정하고 IAEA 탈퇴를 선언했다. 이러한 북한의 극단적인 태도에 미국은 북한에 대한 군사적 공격까지 검토하였으나 결국 북한이 요구하는 내용을 대부분 수용한 '미·북 제네바합의'에 서명하였다.

1차 북핵 위기 시 미북 간 협상은 북한의 핵개발 포기와 미국의 보상제공이라는 쟁점이 명확한 상황에서 이루어졌다. 양측의 관심사항이 명확했던 만큼 협상상황은 보수행렬을 사용하여 간략하게 정리할 수 있다. 협상의 핵심 쟁점이었던 북한의 핵개발 포기와 미국의 보상을 기준으로 하여 작성한 보수행렬은 <표 4−3>과 같다.

표 4-3 보수행렬로 표시한 1차 북핵 위기 시 미북 협상

		미국	
		보상(C)	공격(D)
북한	핵포기(C)	2(CC), 2(CC)	0(CD), 3(DC)
	핵개발(D)	3(DC), 0(CD)	1(DD), 1(DD)

* 미국과 북한의 득실은 편의상 3, 2, 1, 0 숫자로 표시

북한은 핵개발을 무기로 미국을 압박하면서 협상을 통해 경제적 지원과 체제의 생존 보장이라는 보상을 얻어내고자 하였다. 반면 미국은 북한의 핵개발 저지를 위해 적당한 보상을 제공하는 데 동의함으로써 협상은 북한의 의도대로 이루어지게 되었다.

북한이 핵개발을 지속할 의도를 보이자 미국은 북한 핵시설에 대한 폭격을 검토할 정도로 강력하게 대응하였으나 결국 북한의 요구를 대부분 수용하였다. 북한도 미국의 핵포기 요구에 강경하게 대응하였으나 미국이 대북 공격을 진지하게 검토하기 시작하자 곧바로 미국의 협상제의를 수용하였다. 미국이나 북한 모두 파멸적인 군사적 충돌상황은 원하지 않았던 것이다.

미국은 북한이 요구하는 경제적 지원이라는 보상을 통해 핵 개발을 일시적이나마 유예시키는 성과를 달성하였다. 반면 북한은 겉으로는 핵개발을 중단하는 것처럼 보이면서도 실질적인 핵개발 시간을 확보하고 경제지원과 미국과의 직접협상을 성사시키는 성과를 획득하였다.

미북 양측은 북한의 핵포기(C)와 미국의 보상제공(C)이라는 타협점인 2(CC)을 찾아 원만하게 협상을 마무리한 것처럼 보였으나 실질적으로는 북한이 훨씬 더 큰 이득을 얻은 셈이었다. 북한은 경수로 제공이나 중유지원 같은 경제적인 지원과는 별개로 핵개발을 잠시 중지하는 대신 상당기간 동안 핵시설에 대한 사찰을 유예 받음으로써 결과적으로 핵개발을 위한 시간을 확보하게 되었다.

1차 북핵 위기 시 미·북 간 대치상황은 미·북 간 충돌 시 피해자가 미·북이 아니라 남북한이라는 사실을 보여주었다. 치킨게임 대결의 당사자가 미국과 북한이 아니라 북한과 한국이 한반도를 무대로 대결을 펼치고 미국은 한 발짝 떨어진 곳에서 원격 조종자로서 대결에 참여하는 상황이 발생하였다. 한국의 입장에서 이 게임은 '리모트 컨트롤(Remote control: 원거리 조종) 치킨게임'이라고 할 수 있다. 대결은 미·북 간에 이루어지지만 충돌 시 피해에 대한 위협은 남북한이 느끼게 되고 피해를 회피하기 위한 보상비용은 한국이 부담하는 구조인 것이다.

북한의 '제네바 합의' 성립 과정은 북한이 미국과의 협상에 임하는 태도를 잘 보여주고 있다. IAEA를 통한 사찰과 제재에는 미온적인 태도와 강한 반발로 일관하던 북한이 미국의 공격징후가 명백해지자 태도를 바꿔 협상에 임하더니 카터가 방북하여 적당한 명분을 제공하자 곧바로 핵개발 동결에 합의한 것이다. 공격이 현실화되자 위협을 느낀 북한이 회피전략을 택함으로써 위기에서 벗어난 것이다. 북한은 일종의 '허세부리기 게임'을 통해 위기를 조성한 후 위기가 적정한 수준에 다다르자 협상을 명분으로 미국으로부터 최대한 양보를 얻어내며 협상을 마무리한 것이다.[41)]

제네바 합의는 북한의 '벼랑 끝 외교'에 대한 효과적인 대응방식이 무엇인지를 보여준 사례라고도 할 수 있다. 스나이더는 북한의 벼랑 끝 전략에 대해 벼랑 끝 전략으로 맞대응 하는 것은 유용한 대처방법 중 하나라고 주장했다.[42)] 북한은 미국 민주주의의 특성상 전쟁을 회피할 것이라는 판단 아래 미국의 양보를 전제로 벼랑 끝 전략을 구사해온 것이며 예상과는 달리 미국이 전쟁 준비에 돌입하자 태도를 급변하여 협상에 임한 것이다. 북한의 벼랑 끝 전략을 차단하기 위해서는 벼랑 끝 전략이 북한의 전유물이 아니라는 인식을 심어주기 위해 강력하게 맞대응하는 전략을 고려할 필요가 있다.

핵무기를 수단으로 한 북한의 벼랑 끝 전략은 한때 미국의 대북공격이 실제로 이루어질 뻔한 극도의 위기 상황을 조성했지만 전쟁 발발 시 발생할 엄청난 피해를 우려한 미국의 양보를 이끌어 내었다. 푸에블로호 사건과 판문점 도끼만행사건을 통해 미국이 전쟁을 선택할 의지가 없다는 것을 확인한 북한의 전략이 성공한 것이다.

반면 미국은 북한의 전략적 의도를 어느 정도 파악하고 있으면서도 전쟁까지 불사하는 각오를 보이는 북한에 양보를 허용했다. 미국의 양보는 공격을 감행할 경우 북한이 반드시 반격해 올 것이라는 위기의식과 이로 인해 피해를 입게 될 한국정부의 우려에 기인한 것이었다.[43)]

북핵문제를 둘러싼 미국과 북한의 회담과정에서 드러난 협상태도의 차이는 미국은 북한의 핵문제를 자신들에게 직접적인 위협을 주는 사안으로 간주하지 않은 반면 북한은 핵개발을 체제의 생존과 안전이 걸린 절대적인 과제로 인식하고 있었기 때문인 것으로 보인다.[44] 한반도에서의 위기상황을 직접적인 위협으로 느끼는 남북한과 한반도 문제를 세계전략의 일환으로 평가하는 미국이 다른 입장을 취하는 것은 당연한 것이다.

1차 북핵 위기를 통해 북한은 제네바 합의라는 파격적인 결과를 얻어낸 것은 물론 팀스피리트 훈련의 중단이라는 성과도 거두었다. 팀스피리트 훈련과 관련하여 북한의 김일성은 1984년 6월 동독 방문 시 호네커 총리에게 "팀스피리트 훈련이 열리면 전국적으로 비상이 걸려 노동자들을 군대로 소집해야 하기 때문에 한 달 반 이상 생산을 못한다. 군사적 압력 때문에 우리인민들이 다 죽어간다."고 토로했다.[45] 또한, 김일성은 1993년 평양을 방문한 게리 에커맨(Garry Ackerman) 하원의원에게 팀스피리트 훈련은 "침략을 위한 최종 훈련"이라고 비난하며 분노로 손을 떨었다고 알려졌다.[46] 팀스피리트 훈련 취소는 북한의 대미협상에서 중요한 목표중의 하나였다.

북한은 제네바 합의를 내부 선전용으로도 활용하여 김정일의 정치권력 공고화에 적절하게 이용하였다. 2000년 발간된 『김정일 장군의 선군정치』에는 "미국이 특별사찰과 집단제재로 위협할 때 김정일 장군께서는 준전시상태 선포와 NPT 탈퇴로 대답하시여 미국을 굴복시키시고 협상 탁자에 끌어 내시여 북미합의서와 클린톤의 담보서한까지 받아낸 사실을 잊지 않고 있다."고 기록했다.[47] 핵외교 성과를 김정일의 업적으로 찬양한 것이다.

미국은 핵 위기가 발생하자 IAEA와 유엔을 통한 강력한 대북제재와 함께 항공모함 전단을 동해로 파견하고 주한미군병력과 장비를 증강하는 것은 물론 실질적인 군사적 공격을 검토하는 등 북한을 강하게 압박했다. 특히 1994년 5월 북한이 핵연료봉 인출을 재개하고 IAEA 탈퇴를 선언하자 북한에 대한 군사적 공격계획을 수립하기도 하였으나 전쟁으로 인한 막대한 인적·물적 피해를 우려하여 북한에 적절한 규모의 보상을 제공하는 방식으로 위기를 해소하고자 하였다.[48]

표 4-4 1차 북핵 위기 시 벼랑 끝 전략 전개 과정

구 분	성 과	손 실
1993년 1월~12월	• 93.1 IAEA, 미신고 시설 2곳에 대한 특별사찰 요구 → 거부	• 3. 31 IAEA, 안보리 회부
	• 3.8 준 전시상태 및 동원령선포 • 3.12 NPT 탈퇴 선언	
	• 5.29 노동 미사일 발사 • 5.30 동해상 대함 미사일 발사	• 5.11 안보리 결의안 채택 • 6.2 북·미 회담 시작
1994년 1월~11월	• 94.3.19 서울 불바다 발언	
	• 4.19 핵연료봉 교체 경고	
	• 5.13 핵연료봉 인출 통보 • 5.30 동해상 대함미사일 발사	
	• 6.13 IAEA 탈퇴 선언 • 6.15 김일성-카터 면담	• 대북 군사공격 검토 • 6.15 카터 방북
	• 7.8 김일성 사망	
	• 10.21 북미 제네바 합의 서명 • 10.29 핵 프로그램 동결 통보	• 10.21 제네바 합의 서명
	• 11.1 북한외교부, 핵 동결 발표	

한국은 1차 북핵 위기 과정에서 북한과의 핵 협상에서는 철저히 배제되어 북·미 간 직접협상을 허용하면서도 대북경수로 제공 비용의 부담을 일방적으로 떠안게 되었다. 이 과정에서 미국에 대한 신뢰가 손상되고 한미관계도 악화되었다. 한편 한국정부의 일관되지 못한 대북 대응도 북한에게는 약점으로 비치게 되었다. 북핵 위기 발생 초기 북한에 강경한 태도를 보이던 김영삼 정부는 미국이 북한에 대한 군사적 공격을 검토하자 전쟁발발을 우려하려 미국의 계획에 반대했다.[49] 북한은 자신들이 전쟁을 각오하고 있다는 것을 미국과 한국이 인식하도록 만드는 데 성공한 반면 미국과 한국은 전쟁에 대한 우려로 군사적 압박을 지속할 수 없었던 것이다. 북한은 강한 배짱과 강력한 의지로 벼랑 끝 전략을 성공시켰다. 김정일은 2002년 당

간부들에게 한 담화에서 "치열한 반미 대결전에서 승리를 이룩하고 사회주의를 굳건히 지켜낼 수 있었던 것도 그런 신념과 의지, 배짱을 가지고 싸웠기 때문"이라고 주장했다.[50)]

표 4-5 1차 북핵 위기 시 협상 결과 평가

구 분	성 과	손 실
북 한	1. 제네바 합의 도출 2. 경수로 제공 3. 매년 50만 톤 중유지원 4. 북미 직접협상 5. 팀스피리트 훈련 중단 6. 핵개발 시간 확보	1. 대북제재 강화 2. 과다한 핵개발 비용 발생 3. 핵개발 의혹 확산 4. 한국의 대북 강경노선
미 국	1. 북한 핵개발 동결 2. 북핵 시설 사찰	1. 한미관계 악화 2. 팀스피리트 훈련 중단
한 국	1. 남북 정상회담 합의 2. 패트리어트미사일 추가도입	1. 핵 협상 배제 2. 경수로 비용 부담

2. 2차 북핵 위기

사건 개요

제네바 합의이후 북한과 미국은 클린턴 대통령의 방북을 추진하는 등 관계 정상화를 모색했다. 그러나 2001년 1월 미 공화당 부시 후보가 대통령에 당선됨으로써 북·미 관계는 새로운 국면에 돌입하게 되었다. 부시 행정부가 포괄적 접근(comprehensive approach)이라는 새로운 방식을 제의하자 북한이 이에 반발하면서 미·북관계가 경색되기 시작했다.

2002년에 들어서 미국 정보기관들이 북한의 고농축 우라늄(HEU: Highly Enriched Uranium)개발 가능성을 우려하자 미국은 북한에 특사 방문을 요구하였고 2002년 10월 3일 미 국무성의 켈리(James Kelly)차관보가 방북하였다.[51]

켈리는 북한 김계관 외무성 부상과 면담하는 자리에서 "북한이 HEU 프로그램을 통해 핵무기 개발을 비밀리에 추진하고 있다는 명백한 증거를 가지고 있다."며 북한의 HEU 개발의혹을 추궁했다. 이러한 미국의 주장에 대해 김계관 부상은 미국의 날조라며 강하게 부인하였으나 다음날 강석주 외무성 제 1 부상은 자신이 하는 말은 모든 관계부처와 군부, 원자력청 등의 총의라고 전제한 후 "미측이 제시한 고농축 우라늄 계획이 실재한다. 미국이 핵무기로 우리를 위협하고 있는 마당에 우리도 국가안보를 위해 핵무기는 물론 그보다 더 강력한 것도 가질 수밖에 없다. 전쟁을 하자면 할 용의가 있다."며 발언문을 낭독했다.[52] 켈리 일행이 미국에 돌아간 후 미 국무부는 북한이 HEU 개발을 인정했다고 발표함으로써 2차 북핵 위기가 시작되었다.

협상전략 및 결과

미국은 북한이 HEU 개발을 시인한 것은 제네바 합의를 위반한 것이라고 규정하고 2002년 12월 북한에 대한 중유공급을 중단했다. 미국이 제네바 합의 파기를 언급하고 중유공급을 중단하자 북한도 강경하게 대응하기 시작했다.

2002년 12월 12일 북한 외무성은 핵시설을 재가동 한다고 선언한 직후 핵 관련시설에 설치되어 있던 IAEA 감시카메라와 봉인들을 제거하였다. 25일에는 5MWe 원자로에 연료봉을 반입하여 재가동 준비를 시작하고 31일 IAEA 사찰관 3명을 추방하고 2003년 1월 10일 NPT 탈퇴와 IAEA 안전협정 무효화를 선언하였다. 북한이 핵개발을 무기로 벼랑 끝 전략을 다시 시작한 것이다.

1차 북핵 위기 시 미국을 상대로 얻어낸 벼랑 끝 전략의 성공 경험이 북한을 다시 유사한 전략으로 유도한 것이다. 그러나 새로 들어선 미국의 부시 행정부는 전임 클린턴 행정부의 제네바 합의를 실패한 협상으로 규정하고 북한의 전략에 강력하게 대응함으로써 북한의 벼랑 끝 전략은 이전과는 전혀 다른 양상으로 전개되었다.

북한은 NPT탈퇴와 IAEA 안전협정 무효화 선언으로 형성된 위기상황을 더욱 고조시키기 위하여 전투기로 북방한계선(NLL)을 침범하고 동해상으로 대함미사일을 발사하는 등 군사적 도발을 감행했다. 2003년 3월 이라크 전쟁 발발로 미국의 관심이 분산되자 북한 외무성은 6월 "미국이 핵위협을 계속한다면 북한도 핵 억제력을 보유하지 않을 수 없다."고 선언하며 강경대응을 예고했다. 미국은 북한의 핵무장은 절대 용납할 수 없으며 위협적 행동에 대한 보상은 불가하다는 입장을 고수하였다.

북한의 예상과는 다른 미국의 강경 대응에 북한은 핵개발을 인정하던 당초의 입장을 바꿔 HEU 관련 사실을 부인하기 시작했다. 북한은 2003년 8월 1차 6자회담에서 김영일 외무성 부상의 연설을 통해 "농축우라늄(HEU)에 의한 비밀 핵 계획은 없다."며 핵개발 사실을 부인했다. 북한의 태도변화에 대해 미국의 프리차드(Jack Pritchard) 한반도 특사는 "북한은 미국을 벼랑 끝 외교로 흔들기 위해 HEU 계획의 존재를 시인했지만 미국이 예상밖으로 강하게 나오자 서둘러 앞에 한 말을 철회한 것"이라고 언급했으며 켈리 차관보도 "북한이 전략적으로 실수를 깨닫고 궤도를 수정한 것"이라고 평가했다.[53]

미·북 간의 대립이 격화되고 있는 상황에서 중국이 문제 해결을 위한 중개자 역할을 자임하였다. 중국은 첸지첸 부총리를 방북시켜 김정일과 회담을 갖고 북·중·미 3자회담을 성사시켰다. 1차 북핵 위기 시 난관에 처했던 북한이 카터의 방북을 기회로 탈출구를 찾았던 것처럼 2차 북핵 위기 시에는 예상치 못한 미국의 강력한 대응에 고민하던 북한을 중국이 나서서 구해준 셈이었다.

중국의 주선으로 2003년 4월 23일 북경 조어대에서 북·중·미 3자회담이 개최되었다. 북한은 핵 시설 폐기와 경수로 완공, 중유·식량 공급 문제 등을 동시에 해결하는 '4단계 일괄타결안'을 제시하는 한편 8,000개의 핵연료봉 처리가 진행 중이며 자신들이 핵무기를 가지고 있고 제3국에 이전할 수도 있다고 미국을 위협했으나 미국이 거부함으로써 북한의 전략은 실패로 돌아갔다.[54]

3자회담이 별다른 성과 없이 종결된 후 2003년 7월 중국의 다이빙궈 외교부 상무부부장은 미국, 러시아, 북한을 방문하여 남북한과 미·중·러·일이 참가하는 다자회담 방안을 제시하였고 북한이 이를 수락함으로써 2003년 8월 27일 북경에서 '1차 6자회담'이 개최되었다. 회담에서 미국은 북한 핵의 완전하고도 검증 가능하며 불가역적인 해체(CVID)를 요구했으나 북한은 미국과의 불가침 조약 체결을 요구했다.

1차 회담이후 북한은 외무성 대변인을 통해 6자회담을 '백해무익한 회담'이라고 비난하며 6자회담 무용론을 제기하였다. 북한은 핵 억제력의 유지·강화와 사용 후 연료봉의 재처리 완료를 공포하고 2004년 1월 미국 핵 연구원들을 북한으로 초청하여 플루토늄(Pu) 샘플을 공개하여 미국에 대한 위협의 강도를 높이고자 하였다.

2004년 2월 25일 2차 6자회담 석상에서 북한 김계관 외무성 부상은 HEU의 존재를 재차 부인하고 핵 동결에 대한 보상으로 미국의 북한 불가침 보장, 경제제재 해제 등을 요구하였으나 미국은 CVID가 전제되지 않는 한 어떠한 논의도 불가하다고 반박했다.

3차 6자회담에서 미국은 북한이 핵 폐기를 진행하는 수순에 따라 단계적으로 보상을 제공하고 궁극적으로 북미관계 정상화를 추진한다는 '다단계 포괄적 폐기방안'을 제안했다. 그러나 북한은 과거 핵개발에 대한 검증은 일체 거부하고 HEU의 존재는 부인으로 일관하였다. 회담 종료 후 중국은 회담결과를 종합하여 '말 대 말, 행동 대 행동의 단계적 과정의 필요성을 강조'하는 것 등을 내용으로 한 의장국 성명을 발표하였다.[55] 3차 회담이후 북한은 미국의 제안을 거부하고 협상을 중단했다.

미국 대선 결과 북한의 기대와는 달리 부시 대통령이 재선에 성공함으로써 북·미 관계는 급속히 악화되었다. 특히 국무장관으로 지명된 콘돌리자 라이스(Condoleezza Rice) 국가안보보좌관은 인준 청문회에서 "북한은 검증 가능하고 되돌릴 수 없는 방법으로 핵 프로그램을 폐기해야 한다"고 강조했다.[56] 북한은 2기 부시정부의 대북 강경기조를 강하게 비난하고 2005년 2월 10일 외무성 성명을 통해 6자회담 참가의 무기한 중단과 핵무기 보유를 공식선언했다. 또한, 미사일 시험발사 유예의 철회, 5MWe 원자로 가동 중단 등을 발표하였다. 미국은 북한의 발표에 대해 "새로울 것이 없다."는 반응을 보이면서도 6자회담 재개 입장을 북한에 전달하였다.

미국이 무반응으로 일관하자 북한은 5월 1일 탄도미사일을 발사하고 5월 11일 폐연료봉 8,000개의 인출작업을 완료했다고 발표했다. 미국이 한국에 F－117 스텔스 전폭기를 배치하는 등 긴장이 고조되자 중국과 한국의 중재로 2005년 7월 26일 4차 6자회담이 개최되어 9월 19일 한반도 비핵화 로드맵인 '9.19 공동성명'이 채택되었다.

표 4-6 9.19 공동성명 주요내용

1. 한반도에서 평화적인 방법으로 비핵화 달성에 노력할 것을 확인하였다.
2. 북한은 미국 · 일본과 관계 정상화를 위해 노력한다.
3. 대북 에너지 및 전력 지원 확대를 위해 노력한다.
4. 공약 대 공약, 행동 대 행동 원칙에 따라 단계적으로 합의를 이행한다.

출처: 「9.19 공동성명」 전문을 참고하여 저자가 재정리

9.19 공동성명은 북핵 문제 해결을 위한 원칙과 기본방향을 확인하는 선언적 합의였으며 합의 이행을 위해서는 별도의 세부사항에 대한 추가 합의

가 필요했다. 북한은 9.19 공동성명에 합의했으나 아무런 보상도 얻어내지 못했다.

협상전략 평가

2차 북핵 위기는 부시정부의 강경보수 집단인 네오콘들의 대북 적대시 정책이 북한의 군사적 강경 대응과 맞부딪치면서 발생하였다.[57] 북한이 2002년 10월 HEU 개발을 시인한 이후 발생한 2차 북핵 위기 협상과정에서 북한은 핵무기를 수단으로 벼랑 끝 전략을 반복하였다. 반면 미국은 북한의 반복되는 협상 전략을 간파하고 이전과는 다른 강경한 태도로 협상에 임하면서 북한의 핵개발 발표를 무시하는 전략으로 대응했다.

미국이 공화당 정부로 바뀌면서 대북 정책도 크게 변화하였다. 민주당의 클린턴 정부에서는 북한이 조기 붕괴될 것이라는 판단 아래 핵동결과 보상을 맞바꾸는 방식으로 북핵 문제를 처리하고자 하였다.[58] 반면 공화당의 부시정권은 제네바 합의에 대한 미국 내 부정적 여론과 북한의 태도에 대한 불신을 바탕으로 북한을 강력하게 압박하는 정책을 채택했다. 미국의 대북정책 변화는 제네바 합의 이행을 위해 경수로 제공과 중유 제공 등 미국이 기울인 노력에 대해 북한이 전혀 합의 이행 움직임을 보이지 않았기 때문이다. 미국은 북한에 대한 기대감을 버리고 대신 '완전하고 검증가능하며 불가역적인 해체(CVID)' 방식을 고수하였다.

부시 행정부의 급격한 대북 정책 변화에 대하여 북한의 대응은 매우 안일한 것이었다. 북한은 미국의 정책이 강경하게 변화하고 있음에도 불구하고 제1차 북핵 위기당시와 유사한 전략을 반복하였다. 2003년 3월 미국이 이라크를 침공하자 북한은 이라크 전쟁으로 미국의 대응이 제한될 것이라고 판단하고 대미 압박을 강화하였다. 북한은 2002년 12월 핵 시설 재가동, 2003년 1월 NPT 탈퇴 선언과 IAEA 안전협정 무효화, 2003년 4월 8,000개 핵연료봉 처리 진행 및 핵무기 보유 언급, 2005년 2월 핵무기 보유선언,

2005년 5월 폐연료봉 인출 완료 선언 등 미국에 대한 압박을 지속했다.

하지만 미국은 북한의 행동에 "새로울 것이 없다."며 별다른 반응을 보이지 않은 것은 물론 북한의 핵문제를 국제적 협력을 통해 해결하자고 제안하며 국제공조를 통한 대북 제재와 압박을 강화하였다.[59] 북한은 1차 북핵 위기 당시와 동일한 방식으로 미국을 위협하고자 하였으나 결과는 전혀 다르게 나타났다. 북한이 2003년 폐연료봉 인출을 선언하자 당시 미국 국무장관이었던 파월(Colin Powell)은 "그런 얘기를 벌써 세 번이나 들었는데 우리는 그런 거 모른다."고 발언하였다.[60] 파월 장관의 발언은 북한에 대한 미국의 태도를 단적으로 보여주는 것이었다. 북한의 반복적인 벼랑 끝 협상 전략은 더 이상 효과를 발휘할 수 없었으며 미국에 의해 무시당하기 시작했다.[61] 북한의 전략은 미국 정부와 여론의 거부감을 조장하는 결과를 가져왔으며 벼랑 끝 전략의 효과가 나타나지 않는 것에 초조함을 느낀 북한이 더욱 강력한 위협을 시도함으로써 스스로 위험에 빠지는 부작용을 초래하였다.

2차 북핵 위기 시 미북 간 핵심쟁점은 북한의 핵개발 포기와 미국의 제네바 합의 준수 요구였다. 1차 북핵 위기 시와는 달리 미국과 북한은 상대방에게 새로운 요구조건을 제시하지 않았다. 이러한 이유는 2차 북핵 위기가 제네바합의의 이행 여부를 확인하는 과정에서 발생했기 때문이다.

미국은 1차 북핵 위기 시에 합의사항이었던 북한의 핵개발 포기와 제네바합의의 이행을 요구한 반면 북한은 제네바합의가 제대로 이행되지 않고 있다는 것을 구실로 핵개발 재개 위협을 반복하였다. 2차 북핵 위기 해결을 위한 미북 간 협상은 핵개발 포기의 대가로 보상을 제공하던 이전과는 다른 양상으로 진행되었으며 협상에서 북한이 얻어낼 수 있는 것은 별로 없었다.

2차 북핵 위기 시 미북 협상은 기존의 쟁점을 둘러싼 대립의 재발이었다. 제네바합의의 이행과 북한의 핵개발 포기를 쟁점으로 한 미북 간 협상상황은 보수행렬을 사용하여 <표 4-7>과 같이 정리할 수 있다.

표 4-7 보수행렬로 표시한 2차 북핵 위기 시 미북 협상

		미국	
		합의이행(C)	제재(D)
북한	핵포기(C)	2(CC), 2(CC)	0(CD), 3(DC)
	핵개발(D)	3(DC), 0(CD)	1(DD), 1(DD)

* 미국과 북한의 득실은 편의상 3, 2, 1, 0 숫자로 표시

북한은 미국으로부터 추가적인 보상을 얻어낼 수 없는 상황에서 핵개발 포기(C)라는 제네바합의 이행에 동의하여 핵개발을 위한 시간을 확보하는 것이 최선이었다. 미국의 입장에서도 추가적인 보상을 제공하지 않으면서도 북한이 제네바합의 이행(C)에 동의하도록 한 것은 나름의 성과라고 하겠다.

그러나 협상결과를 면밀히 분석해 보면 미국과 북한은 양측 모두에게 이득이 되는 적절한 타협점 2(CC)를 선택한 것처럼 보였을 뿐 실질적으로는 제네바합의의 이행을 반복한 것에 불과하였다. 그동안 미국과의 협상에서 일방적인 주장과 위협으로 미국의 양보를 얻어내어 온 북한의 입장에서 2차 북핵 위기 협상은 아무런 보상도 얻지 못한 채 스스로의 입지만 좁히는 결과를 초래했다.

핵개발을 무기로 미국과의 양자회담을 고집하던 북한은 6자회담이 시작됨으로써 협상의 주도권을 잃게 되었다. 미국은 제네바 합의가 제대로 이행되지 않는 것을 보고 북한과의 협상은 반드시 이행이 보장되어야 한다는 점을 특별히 강조했다. 또한, 미국은 중국과 러시아가 참여하는 다자협상을 통해 북한의 벼랑 끝 전략을 봉쇄하고 합의의 이행력을 높이기 위해 중국의 6자회담 중재를 묵인한 것으로 보인다.

2차 북핵 위기 해결과정에서 북한은 협상의 주도권을 상실한 것은 물론 6자회담이라는 국제적 공조의 틀 안에서 벼랑 끝 전략을 사용할 수도 없었

다. 6자회담의 결과 채택된 '9.19 공동선언'이 '북미 제네바 합의'의 내용을 확인하는 수준에 머물렀다는 것은 북한의 벼랑 끝 전략의 효과가 사라지고 있다는 반증이라고 하겠다.

표 4-8 2차 북핵 위기 시 협상 결과 평가

구 분	성 과	손 실
북 한	1. 미국의 불가침 보장 2. 에너지 지원 유지	1. 대미 직접협상 중단 2. 협상 전략 노출
미 국	1. 국제공조 형성 2. 대북 협상의 주도권 회복	1. 북한 핵 시설 검증 실패 2. 미·북 관계 악화
한 국	1. 6자회담 참여	1. 북한 비핵화 실패

3. 김정은 시대 핵개발

사건 개요

2011년 12월 김정일이 사망하고 같은 해 12월 30일 김정은이 최고사령관에 취임함으로써 북한의 김정은 시대가 시작되었다. 권력 승계를 완료한 김정은은 이전 시대와는 다른 차원의 벼랑 끝 전략을 시도했다. 그동안 은밀하게 추진해 오던 핵무기 실험과 미사일 개발을 공개적으로 추진하기 시작한 것이다.

북한은 김정은 체제가 출범하자마자 김일성 탄생 100주년을 맞아 인공위성을 발사한다고 발표하고 2012년 4월 13일 '은하 3호'로 명명한 로켓을 발사하였다.[62] 발사된 로켓이 곧바로 폭발하여 궤도진입에 실패하자 같은 해 12월 12일 재 발사를 시도한 후 궤도진입에 성공했다고 발표했다.[63] 북한의 인공위성 발사는 실질적으로 ICBM 발사와 같은 것으로 북한은 미사일 발사를 통해 대미 협상력을 제고하는 한편 주민들에게 국방력을 과시하는 대내외적인 정치적 목적을 달성하고자 한 것이다.[64)]

인공위성 시험발사에 이어 2013년 2월에는 3차 핵실험을 실시한 후 핵무기의 소형화와 경량화에 성공했다고 발표했다. 조선중앙통신은 "소형화, 경량화 된 원자탄을 사용하여 완벽하게 진행되었다."고 보도하였다.[65)] 김정은은 3차 핵실험에 성공한 이후 2013년 3월 31일 개최된 로동당 중앙위 전체회의에서 '경제·핵 무력 병진노선'을 채택하여 핵무기 개발이 완성단계에 와 있음을 과시하였다. 그동안 북한이 지속적으로 핵개발을 부인해오던 것과는 전혀 다른 입장을 보인 것이다. 북한은 핵개발이 완성되어가고 있는 시점에서 공개적인 핵실험을 통해 자신들의 핵 능력을 과시하고 미국의 관심을 유도하는 것이 향후 미국과의 협상에서 유리하게 작용할 것이라고 판단한 것이다.

북한의 공개적인 인공위성 발사와 핵실험에 미국은 상당한 충격을 받은 것은 물론 북한의 핵 위협이 현실화 되었다는 사실을 인정할 수밖에 없었다. 미 국방정보국(DIA)은 2013년 3월 "북한이 탄도미사일에 탑재 가능한 핵무기를 보유한 것으로 평가된다."고 밝혔다.[66)]

북한의 지속적인 핵실험과 미사일 발사는 대미 협상역량을 강화하기 위한 북한의 전략이었으며 김정은은 공개적인 실험을 통해 미국에 대한 압박을 지속하였다. 2016년 1월 4차 핵실험을 실시한 데 이어 2016년 9월에는 5차 핵실험을 실시하였다. 북한의 핵실험에 대해 유엔은 대북제재 결의안을 채택하고 북한산 광물의 수입제한 확대 및 북한 내 외국 금융기관 지점 및 계좌 폐쇄 등의 조치를 취했으나 북한의 태도변화를 촉구하기에는 미흡한 내용들이었다. 당시 미국의 오바마 행정부는 '전략적 인내(Strategic Patience)' 정책에 따라 지속적인 북한의 핵실험을 사실상 묵인하였다. 오바마 정부의 방관 속에서 북한은 핵무기 개발과 미사일 발사 능력을 계속 발전시키고 있었던 것이다.

2017년 9월 3일 북한은 이전의 핵실험과 비교해 엄청난 폭발력을 가진 6차 핵실험에 성공하였다. 북한은 6차 핵실험 후 수소탄 시험에 성공했다고 발표함으로써 실질적인 핵보유국이 되었다.

협상전략 및 결과

2017년 1월 출범한 미국의 트럼프 행정부는 북한이 핵무기의 소형화와 미국본토 공격이 가능한 탄도미사일 개발에 성공한 것으로 확인되자 북한 핵시설에 대한 군사적 조치를 거론하기 시작했다. 미국의 강력한 대북제재 움직임에도 북한이 2017년 7월 ICBM급 화성 14호를 태평양상으로 발사하자 트럼프 대통령은 8월 8일 북한에 대해 핵실험을 멈추지 않으면 “화염과 분노(fire and fury)”에 직면할 것이라고 경고하고 “로켓맨이 자살행위를 하고 있다.”며 김정은을 비난했다.[67)]

트럼프의 직접적인 위협에도 불구하고 북한은 핵개발에 박차를 가하여 2017년 9월 3일 이전의 핵실험과는 비교가 되지 않을 정도의 폭발력을 가진 핵실험에 성공하였다. 북한의 6차 핵실험은 기존의 원자폭탄에 비해 10배 이상의 파괴력을 가진 것으로 추정되었다. 북한은 조선중앙 TV 보도를 통해 “ICBM 장착용 수소탄 시험을 성공적으로 단행했다.”고 발표했다. 수소폭탄은 원리상 원자폭탄의 폭발력을 기폭장치로 이용해 핵융합을 일으키도록 설계되는 폭탄인 만큼 수소폭탄 실험의 성공은 원자폭탄의 소형화가 이미 완성되었다는 것을 의미한다.

북한의 핵실험이 지속되자 트럼프 대통령은 9월 19일 UN총회 연설에서 북한을 “완전히 파괴하겠다.”고 경고하고 9월 21일 북한과 무역 및 금융거래를 하는 모든 개인과 기업들에 대한 제재를 내용으로 하는 세컨더리 보이콧(Secondary Boycott) 행정명령에 서명하였다. 이에 맞서 김정은은 9월 21일 성명을 통해 미국을 “불로 다스릴 것”이라며 위협적인 발언으로 응수했다. 미국은 북한에 대한 직접적인 군사적 위협을 가하기 위해 9월 23일

전략무기인 B－1B 전략폭격기를 원산 상공에 보내 2시간여에 걸친 무력시위를 전개했다. 또한 항공모함 전단을 한반도 해역으로 출동시켜 북한에 대한 군사적 압박을 강화했다. 미국의 압박에 대응해 북한의 리용호 외무상은 9월 24일 유엔 총회에서 트럼프 대통령을 "정신이상자"라고 호칭하며 미국을 선제공격할 수도 있다고 경고했다. 미·북 간 상호비방전이 지속되자 말싸움이 실전으로 비화될 수도 있다는 우려가 확산되었다.[68]

미국은 북한에 대해 경제제재를 더욱 강화하는 조치들을 잇달아 내놓으며 북한에 대한 압박을 지속하였으나 북한은 6차 핵실험 이후 2개 여월만인 2017년 11월 29일 미국을 사정권으로 하는 사거리 1만 3,000km의 ICBM급 장거리 미사일 화성 15호를 발사하였다. 또한 정부성명을 통해 "국가 핵 무력 완성"을 공개적으로 선언함으로써 핵보유국이 되었음을 정식으로 발표하였다.[69] 북한의 공개적인 핵 무력 완성 선언으로 북미관계는 극도로 악화되었다.

그러나 예상과는 달리 2018년에 들어서면서부터 북한의 전략 기조가 평화모드로 급격히 전환되었다. 김정은은 2018년 1월 1일 신년사를 통해 2월 평창에서 개최되는 동계올림픽 참가의사를 표명하였다. 핵무기 보유를 공개적으로 선언한 후 북한은 미국과 한국을 향해 평화공세를 쏟아냈다. 2018년 3월 5일 방북한 한국 특사단에게 김정은은 4월 판문점에서 남북정상회담 개최와 미국과의 대화 의사를 표명하고 북미정상회담 개최를 한국 측이 주선해 줄 것 등을 요청하였다.[70] 미국은 김정은의 제안을 환영하였고 트럼프 미국 대통령도 "헛된 길일지라도 가보기로 했다."며 김정은과의 회담에 적극적으로 호응하였다.[71]

김정은은 2018년 4월 20일 노동당 중앙위원회 전원회의에서 핵실험과 ICBM 시험 발사 중단을 선언했다. 김정은의 선언은 핵무기 완성으로 더 이상의 핵실험은 필요하지 않다는 자신감의 표현이며 동시에 미국을 자극할 수 있는 장거리 미사일 발사 시험을 중단함으로써 미국과의 회담을 희망한다는 의사를 미국에 전달하기 위한 것으로 분석된다.

4월 27일 남북정상회담이 판문점에서 개최되었고 이어 6월 12일 싱가포르에서 사상 최초로 북미 정상회담이 개최되었다. 싱가포르 북미 정상회담에서 "새로운 북미관계와 한반도의 완전한 비핵화를 위해 노력한다."는 내용의 공동합의문이 채택됨으로써 핵개발과 미사일 발사로 야기되었던 북미 간의 극한 대립은 해소되었다. 그러나 싱가포르 공동합의문은 북한 비핵화를 위한 구체적인 이행 계획이 없는 포괄적인 선언에 불과하다는 부정적인 평가를 받았다.

표 4-9 9.19 싱가포르 미북정상회담 공동합의문 주요내용

1. 평화와 번영을 위한 새로운 북미관계 수립을 약속
2. 지속적이고 안정적인 평화체제 구축에 노력
3. 2018.4.27. 판문점 선언 재확인 및 한반도의 완전한 비핵화 노력 지속
4. 미군 전쟁포로와 실종자 유해 발굴 및 송환 약속

출처: 「싱가포르 미북정상회담 공동합의문」 전문을 참고하여 저자가 재정리

협상전략 평가

핵 무력 완성을 위한 김정은 시대 대미 협상전략은 1·2차 핵 위기 시 협상과는 다른 양상으로 전개되었다. 그동안 은밀하게 핵개발을 추진하면서도 핵개발 중단을 수단으로 삼아 미국과 협상을 벌이던 전략에서 벗어나 핵실험을 공개적으로 추진하면서 미국과 정면승부로 대결하는 양상을 선보인 것이다.

핵 무력 완성을 목표로 한 김정은 시대 미북 간 대립의 핵심쟁점은 북한의 핵무기 완성과 미국의 대북압박이었다. 북한의 핵개발을 저지하기 위해

노력해 온 미국의 입장에서 볼 때 북한의 공개적인 핵실험은 그동안의 모든 노력이 허사였으며 북한에게 철저히 기만당해왔음을 확인하는 것이었다. 이러한 상황에서 미국이 북한에게 요구할 수 있는 것은 강력한 제재와 압박이었다.

공개적으로 핵실험을 강행한 북한과 강력한 대북제재와 압박을 무기로 한 미국 간의 협상상황은 핵포기와 대북압박을 핵심쟁점으로 하여 <표 4-10>과 같이 보수행렬을 사용하여 정리할 수 있다.

표 4-10 보수행렬로 표시한 김정은 시대 핵개발 미북 협상

		미국	
		제재(D)	위협(D)
북한	핵포기(C)	0(CD), 3(DC)	0(CD), 3(DC)
	핵완성(D)	3(DD), 1(DD)	3(DD), 1(DD)

* 미국과 북한의 득실은 편의상 3, 2, 1, 0 숫자로 표시

핵 무력 완성을 목표로 공개적으로 핵개발을 추진한 북한과 대북제재와 군사적 위협을 통해 핵 포기를 요구한 미국은 타협점을 찾기 어려운 상황을 만들어 내었다. 핵무기를 완성하겠다는 김정은의 의지와 핵개발을 포기시키겠다는 트럼프의 강경한 대응 사이에서 보상을 전제로 한 협상은 이루어질 수 없었다. 북한이 핵무력 완성을 선언할 때까지 미북 간에는 첨예한 대립이 지속될 뿐이었다.

미국으로부터 아무런 보상도 기대할 수 없는 상황에서 북한은 미국의 제재강화와 위협을 감수하고 핵무력 완성을 선언하는 3(DD)을 선택함으로써 미국의 핵개발 저지 노력은 실패하였고 미북 관계는 최악의 상황을 맞이하게 되었다. 북한이 최악의 선택을 했음에도 불구하고 미국의 대응은 대북제

재 강화라는 기존의 방식에서 크게 벗어나지 않는 전략적 한계를 노출했다.

핵무력 완성을 선언한 북한의 김정은은 예상과는 달리 이듬해에 곧바로 핵실험 중단을 선언하고 미국에 정상회담을 제의하였다. 북한은 핵무기를 배경으로 미국과의 협상에서 다시 주도권을 행사하고자 하였다. 북한의 의도대로 미국이 정상회담 제의에 응해오자 북한은 미국과의 협상에 자신감을 회복하였다.

이러한 북한의 전략변화는 북한주민들에게 이전 지도자들과는 달리 미국과 당당하게 맞서는 젊은 지도자상을 부각시키고자 한 김정은의 정치적 의도와 핵무기 개발을 완료했다는 자신감이 결합된 결과에서 비롯된 것으로 보인다. 김정은의 공개적인 핵실험은 미국의 관심을 끄는 데 성공하였으며 결국 사상 최초로 북미정상회담을 실현시키는 성과를 만들어 내었다.

싱가포르 1차 북미 정상회담에 이어 2차 북미회담이 2019년 2월 27일과 28일 양일간에 걸쳐 베트남 하노이에서 개최되었다. 그러나 예상과는 달리 2차 북미정상회담은 아무런 합의도 이루지 못한 채 결렬되었다. 양측의 협상 쟁점은 북한의 비핵화와 대북제재 완화였다. 북한은 영변 핵시설 폐기의 대가로 11건에 대한 대북 제재조치 중 5건의 해제를 요구하였고 미국은 영변의 핵시설 외에 미국이 파악하고 있는 다른 지역의 추가적인 핵시설에 대한 폐기를 요구하였다.[72] 미국과 북한의 요구조건은 상대방의 기대와는 전혀 다른 것들이었다.

영변 핵시설 폐기와 대북제재의 부분완화에 대해 미·북 양측은 전혀 다른 해석을 하고 있었다. 북한은 핵개발의 핵심시설인 영변 지역 내 핵시설 폐기로 11건의 대북 제재 중 5건의 부분적인 대북제재는 충분히 해제 받을 수 있다고 생각하였다. 반면 미국은 북한의 완전한 비핵화를 위해서는 영변과 북한 내 다른 지역의 핵 시설까지 모두 포함하여 폐기해야 한다고 판단한 것이다.[73] 이러한 미국의 시각은 "미국은 북한 구석구석을 잘 알고 있다."는 트럼프의 언급에서도 확인할 수 있다. 미국은 북한의 영변 핵시설은 이미 용도를 다 마친 곳으로 중요도가 높지 않은 시설이라고 평가하고 있었다.

하노이 미북 정상회담이 결렬되자 김정은은 2019년 4월 공개적으로 더 이상 미국에 대북제재 해제를 구걸하지 않겠다고 선언하고 그동안 보류하고 있던 미사일 발사를 재개하였다. 김정은의 입장에서 볼 때 정상회담 결렬로 손상당한 자신의 위신을 회복하기 위해서는 대미 강경노선을 선택하는 것이 당연한 결과였다. 이러한 북한의 행태는 핵보유 달성을 선언한 후 미국과의 협상을 통해 대북제재를 해제하려고 했던 계획이 실패하자 미사일 발사를 통한 벼랑 끝 전략으로 정책이 회귀되었음을 보여주는 것이라고 하겠다.

북한은 2017년 11월 핵 무력 완성을 선언한 이후 2018년 1월을 기점으로 핵개발을 수단으로 한 벼랑 끝 전략에서 평화보장체계 구축으로 극적인 전략 변화를 시도하였다. 핵보유국이라는 자신감을 바탕으로 미국과 동등한 입장에서 협상을 진행하고 북미회담의 중재자로 한국을 이용하겠다는 전략을 시도한 것이다. 북한이 급격한 전략의 변화를 시도한 것은 미국과의 협상을 통해 대북제재를 해제하여 경제문제를 해결하겠다는 내부적 요인이 작용했기 때문이라고 분석할 수 있다.

김정은은 2018년 4월 기존의 '핵·경제 병진노선'을 포기하고 경제건설 단일 노선을 채택하면서 경제건설에 집중하겠다는 의지를 공식적으로 선포했다. 경제발전을 위해 벼랑 끝 전략을 보류하고 대신 평화공세로 전환한 것이다.

김일성·김정일 시대와는 다른 공개적인 핵실험으로 핵무기를 완성하고 역사상 처음으로 미국과의 정상회담을 두 차례나 성사시킨 김정은의 벼랑 끝 전략은 성과를 거둔 것으로 평가할 수 있다.

북한은 핵무기 완성을 위해 미국과의 거친 설전으로 긴장관계를 유지하면서도 미국을 자극할 수 있는 위협적인 행동은 자제함으로써 핵보유를 실현할 수 있는 시간을 확보한 것이다. 하지만 미국과의 협상에서 아무런 성과도 올리지 못함으로써 김정은 시대의 벼랑 끝 전략은 절반의 성공에 그치게 되었다.

표 4-11 김정은 시대 핵개발 협상 결과 평가

구 분	성 과	손 실
북 한	1. 핵 무력 완성 2. 미북 정상회담 성사	1. 대북제재 완화 실패
미 국	1. 미북 정상회담 성사	1. 북핵 시설 폐기 실패 2. 북한 미사일 발사 재개
한 국	1. 미북 중재자 역할 수행	1. 북한 비핵화 실패 2. 북한 미사일 발사 재개

4. 냉전 전후 사례 비교 분석

한국전쟁을 매듭짓기 위한 휴전협상 이후 북한의 대미 협상전략은 벼랑 끝 전략(Brinksmanship)의 연속이라고 말할 수 있다. 위기상황을 조성하여 상대로부터 양보를 얻어내고자 하는 벼랑 끝 전략은 약소국인 북한이 강대국인 미국을 상대할 수 있는 유용한 비대칭 위협전략이었다. 냉전시기 북한은 김일성의 능력을 주민들에게 과시하기 위한 내부적 필요에 의해 벼랑 끝 전략을 구사하기도 하였다.

푸에블로호 나포 사건 당시 북한은 베트남전에 발목이 잡혀 있는 미국이 한반도에서 또 다른 전쟁을 시작할 수는 없을 것이라는 판단하에 푸에블로호를 나포하였다. 푸에블로호가 북한의 영해를 침범했는지 여부와는 상관없이 북한은 영해 침범과 간첩행위를 이유로 푸에블로호를 나포하는 도발을 감행했다. 미국은 항공모함을 동해로 출동시키고 전투기를 추가 배치하는 등 강력한 군사적 보복 계획을 수립하였으나 실제 공격을 시도하지는 않았다. 북한에 인질로 잡힌 82명의 푸에블로호 승무원들의 존재가 미국이 군사적 공격을 주저하도록 만든 중요한 요인이 된 것은 분명한 사실이지만 결

과적으로 미국은 한반도에서 전쟁을 각오할 만큼의 의지를 가지고 있지 않았던 것이다.

미국의 입장을 확인한 북한은 인질로 삼은 푸에블로호 승무원들로부터 간첩행위를 인정하는 자백서를 공개하는 한편 잘못을 인정하고 사죄하는 모습을 수시로 방송하여 미국이 북한에 사죄하는 모습을 연출하였다. 북한은 결국 미국과의 직접협상과 사과를 이끌어 냄으로써 미국에 대한 자신감을 회복하게 되었다. 북한이 푸에블로호 선체를 반환하지 않고 반미선전장으로 활용하고 있는 것은 미국과의 대결에서 승리했음을 기억하기 위한 것이다. 이러한 승리의 경험은 이후 북한의 대미 협상전략의 기본 틀로 작용하였다. 하지만 푸에블로호 나포는 한미 연합방위체제와 한국의 군사력이 강화되는 계기를 만들어 주었다는 점에서 북한은 절반의 승리만을 거두었다고 평가할 수 있다.

판문점 도끼만행사건은 현장에 투입된 북한 군인들의 과잉행동으로 사건이 확대된 것으로 보인다. 판문점 공동경비구역 내 미루나무 가지치기 작업이 매년 해오던 통상적인 작업이었다는 점에서 북한군들이 사전 계획에 따라 행동한 것은 분명해 보이나 총기를 휴대하지 않고 유엔군이 가져간 도끼를 사용해 공격한 사실들은 애초 미군장교를 살해할 의도는 없었던 것으로 보인다. 북한 고위간부의 "김정일은 미군장교 구타만 지시했다."는 증언은 이러한 추측을 뒷받침해 준다. 미군 장교 2명의 피살로 사건이 확대되면서 북한은 예상치 못한 상황을 맞게 되었다.

판문점에서 미군과의 충돌을 통해 한반도의 위기상황을 과장하여 미군철수론에 힘을 실어주고자 한 북한의 의도와는 달리 북한의 폭력성이 부각되어 국제적 지지만 상실하는 결과를 초래했다. 반면 미국은 압도적인 군사력을 동원하여 강력히 대응함으로써 휴전이후 처음으로 북한으로부터 사과를 받아냈다.

판문점에서의 위기상황을 이용하려 한 북한의 벼랑 끝 전략은 오히려 미국의 강력한 대응으로 역효과를 초래했다. 미국은 판문점 도끼만행사건을 통해 푸에블로호 협상에서 손상된 위신을 회복하였으며 한국은 한미연합사 창설과 주한미군의 필요성을 주장하는 기회로 활용하였다.

북한은 예기치 않은 상황 속에서도 준전시상태 선포를 빌미로 김정일 세습에 반대하는 평양주민들과 관리들을 추방하여 세습체제를 공고히 하는 등 주민통제에 활용하였다. 푸에블로호 나포 사건 당시와 유사한 북한의 행태는 벼랑 끝 전략이 외교적 목적뿐만 아니라 내부의 정치적 목적을 달성하기 위한 수단이라는 사실을 보여주었다.

냉전시기의 벼랑 끝 전략 사례들이 북한 통치자들의 능력을 주민들에게 보여주기 위한 선전적 차원에서 공세적 행태를 보여주고 있는 반면 냉전이후 사례들은 북한 체제의 생존과 안전을 확보하기 위해 수동적 입장에서 벼랑 끝 전략을 사용하고 있음을 보여주고 있다. 1990년대 동유럽과 소련의 사회주의 붕괴로 체제 생존에 위협을 느낀 북한은 핵무기 개발을 통해 미국으로부터 체제유지를 보장받고자 하였다.[74)]

1차 북핵 위기가 시작된 1993년 당시 북한은 심각한 경제난과 식량난 등 내부적인 요인뿐만 아니라 동유럽 사회주의권의 붕괴, 중국과 소련의 한국과의 수교 등 대외적인 요인 등으로 인해 체제 생존에 심각한 위협을 받고 있는 상황이었다. 이런 대내외적인 상황 속에서 북한은 체제 생존을 위해 핵개발을 무기로 벼랑 끝 전략을 펼친 것이다.

NPT 탈퇴를 시작으로 준전시 상태선포, 핵시설에 대한 IAEA 사찰거부, 전쟁도 불사하겠다는 수많은 성명 발표, 한국을 상대로 한 '서울 불바다' 발언 등은 북한의 절박한 입장을 반영한 것이었다. 북한 내부적으로도 군부대의 훈련증가, 예비전력 동원, 피난 훈련 등을 실시한 것으로 볼 때 실제 전쟁을 염두에 두고 있었던 것으로 보인다. 이후 미군이 공격계획을 구체화하자 위기를 느끼고 카터의 방북제안을 수락함으로써 위기 해소의 계기를 마련하였지만 당시 북한은 전쟁까지 감수하고 있었던 것으로 보인다.

북한은 체제 생존이 위협받는 절박한 상황에서 벼랑 끝 전략을 밀어 붙여 제네바 합의라는 외교적 승리를 거두었다. 김정일이 2002년 당 간부들에게 “미국을 상대로 승리할 수 있었던 것은 신념과 의지, 배짱을 가지고 싸웠기 때문”이라고 강조한 것은 핵개발을 무기로 벼랑 끝 전략을 펼쳤던 당시의 심정을 대변하고 있는 것이라고 하겠다. 1차 북핵 위기 당시 북한의 벼랑 끝 전략은 가장 성공적인 사례로 평가되고 있으며 이후 벼랑 끝 전략은 북한의 대표적인 대외전략으로 간주되기 시작했다.

1차 북핵 위기가 북한의 외교적 승리로 마무리된 것과 달리 2차 북핵 위기는 전혀 다른 양상을 보여 주었다. 2차 북핵 위기가 북한 강석주 외무성 부상의 HEU(농축우라늄) 개발 시인에 대한 미국의 강경대응으로 시작된 것에서도 알 수 있듯이 북한은 치밀한 계획 없이 갑자기 핵 위기 상황에 빠져든 것이다.

제네바 합의라는 외교적 승리를 경험한 북한은 2차 핵 위기가 발생하자 1차 북핵 위기 시 경험을 그대로 살려 미국을 압박하고자 했다. 북한은 제네바 합의에 대한 미국 내 비판과 부시정부의 강경한 대북 정책에 대한 분석을 제대로 하지 않은 채 동일한 전략을 반복한 것이다.

북한은 핵 시설 재가동, 폐연료봉 처리, NPT 탈퇴, 심지어 핵무기 보유까지 선언하였으나 미국은 전혀 반응하지 않은 채 대북제재를 강화하는 한편 양자 간 협의를 거부하고 6자회담이라는 국제적 공조를 통해 북한을 압박하였다. 결국 2차 북핵 위기는 북한의 의도와는 달리 ‘9.19 공동선언’이라는 원론적 합의로 마무리 되었다. 벼랑 끝 전략이 북한에게 항상 이득을 가져다주는 것은 아니라는 사실이 입증된 것이다.

북한의 벼랑 끝 전략은 냉전시기 군사력 위협을 통한 공세적 입장에서 냉전이후 체제생존을 보장받으려는 수세적 입장으로 변화하였다. 냉전시기 북한의 벼랑 끝 전략이 북한체제의 자신감을 과시하고 주민들의 미국에 대한 승리의식을 고양하기 위한 공격적이고 내부 지향적인 전략이었던 반면 냉전이후 시기에는 핵개발을 무기로 미국으로부터 체제생존을 보장받기 위한 대외적이고 수세적인 전략으로 변화한 것이다.[75] 반면 위협의 수단이 재래식 군사력에서 핵무기로 대체되면서 벼랑 끝 전략의 정치적·군사적 효과는 확대되었다.

김정은 시대 북한의 벼랑 끝 전략은 이전 시기와는 다른 양상으로 전개되었다. 그동안 은밀하게 진행하던 핵개발을 공개적으로 시도한 것이다. 미국의 압박에도 불구하고 핵실험을 계속하는 것은 물론 미국과의 격렬한 설전도 마다하지 않았다. 북한은 6차 핵실험에 성공하고 미국을 사정권으로 하는 ICBM급 미사일 화성 15호를 발사한 후 국가 핵 무력의 완성을 선포하였다. 핵보유국임을 공개적으로 선언한 것이다.

핵보유 선언이후 북한은 미국과 한국에 평화공세를 벌여 역사상 최초로 북미정상회담을 실현시켰다. 핵무기 완성 후 경제발전을 위해 미국의 대북제재 해제가 절실한 상황에서 북미정상회담 성사는 북한의 전략을 완성할 수 있는 절호의 기회였다. 하지만 완전한 비핵화를 요구하는 미국의 강경한 주장으로 회담은 결렬되고 대북제재를 해제 받고자 했던 북한의 계획은 실패하였다.

공개적인 핵실험과 핵보유 선언으로 미국과의 정상회담을 두 차례나 성사시켰으나 대북제재 완화에는 실패함으로써 김정은 시대 벼랑 끝 전략은 절반의 성공에 그쳤다고 평가할 수 있다.

북한의 벼랑 끝 전략은 냉전시기에는 주요한 협상 수단으로 사용된 반면 냉전이후에는 협상국면을 유리하게 끌고 가기 위한 제한적인 전술로 사용되고 있다. 또한, 유사한 행태를 반복함에 따라 상대방의 예측 가능성이 높아지고 결국 전략으로써의 효과도 감소하고 있다. 반복적인 위협이 때로는 미국의 무시와 맞대응을 초래하는 경우도 발생하고 있어 북한이 감수해야 할 위험도 상대적으로 커지고 있는 것은 벼랑 끝 전략이 가지고 있는 한계라고 하겠다.

미주

1) 이용준, 『북핵 30년의 허상과 진실』 (경기도 파주: 한울아카데미, 2018), pp.31－32.
2) 이용준(2018), pp.34－35.
3) 박태균, 『한국전쟁: 끝나지 않은 전쟁, 끝나야 할 전쟁』 (서울: 책과 함께, 2005), pp.226－233.
4) 서훈(2008), p.131.
5) 이용준(2018), p.43; 서훈(2008), p.131; 돈 오버도퍼, 이종길 역(2002), p.378.
6) 1962년 10월 미국의 정찰기가 쿠바 내 소련 미사일 배치를 확인하고 백악관에 보고한 10월 16일부터 소련이 미사일 철수를 발표한 10월 28일까지 13일간의 미·소 간 대치상황
7) 돈 오버도퍼, 이종길 역(2002), pp.378－379.
8) 유성옥, "북한의 핵정책 동학에 관한 이론적 고찰", 고려대학교 박사학위논문, 1996, pp.83－84; 임수호, "실존적 억지와 협상을 통한 확산: 북한의 핵정책과 위기조성외교(1989－2006)", 서울대학교 박사학위논문, 2006, pp.132－137.
9) 돈 오버도퍼, 이종길 역(2002), p.379.
10) 최용환(2002), p.192.
11) 서훈(2008), pp.133－134.
12) 『로동신문』, 1993년 2월 12일.
13) 돈 오버도퍼, 이종길 역(2002), p.415.
14) 『로동신문』, 1993년 3월 13일.
15) 『동아일보』, 1993년 4월 7일.
16) 홍현익, 『북한의 핵 도발·협상 요인 연구』 (경기도 성남: 세종연구소, 2018), p.29.
17) 미치시타 나루시게(2014), p.181.
18) 서훈(2008), p.136.
19) 이용준(2018), pp.98－99.

20) 미치시타 나루시게(2014), pp.183-184.
21) 돈 오버도퍼, 이종길 역(2002), pp.429-430.
22) 서훈(2008), p.138.
23) 『로동신문』, 1993년 11월 4일.
24) 『로동신문』, 1993년 11월 30일.
25) Joel S. Wit, Daniel B. Poneman, and Robert L. Gallucci, Going Critical : The First North Korean Nuclear Crisis (Washington, D.C.: Brookings Institution Press, 2004), pp.100-107; 미치시타 나루시게(2014), pp.188-189 에서 재인용
26) 『로동신문』, 1994년 2월 1일.
27) 『통일뉴스』,http://www.tongilnews.com/news/articleView.html?idxno=45059 (검색일: 2022.2.25)
28) 홍현익(2018), p.30.
29) 돈 오버도퍼, 이종길 역(2002), p.451.
30) 미치시타 나루시게(2014), pp.193-194.
31) Wit, Poneman, Gallucci, Going Critical, p.205; 미치시타 나루시게(2014), p.197.에서 재인용
32) 김영삼, 『김영삼 대통령 회고록: 민주주의를 위한 나의 투쟁』(서울: 조선일보사, 2001), pp.315-317.
33) 돈 오버도퍼, 이종길 역(2002), p.466; 방북을 추진한 두 명의 상원의원은 소련붕괴이후 소연방에 속해 있던 국가들의 핵무기 및 핵시설을 폐기하기 위한 지원 법률인 '넌-루가 법안'을 공동 발의했으며, 북한의 핵 문제를 해결하기 위한 방안으로 동 법안의 적용여부가 검토되기도 하였다.
34) 『로동신문』, 1994년 9월 25일.
35) 『로동신문』, 1994년 9월 28일.
36) 홍현익(2018), p.34.
37) 송민순, 『빙하는 움직인다』(경기도 파주: 창비, 2016), p.43.
38) 정기종, 『력사의 대하』(평양: 문학예술종합출판사, 1997)
39) 안득기, "북한의 대미 외교정책 행태에 관한 연구: 1차 핵 위기를 중심으로", 『글로벌 정치연구』 4권 2호(한국외대 글로벌 정치연구소, 2011), p.113.
40) 박찬희·한순구(2006), pp.181-183. p.193; 서훈(2008), pp.155-157; 서훈은 북한이 지속적인 도발행위를 통해 호전적이라는 자신의 악명을 지속적으로 관리해 왔으며 미국과의 협상에 이러한 이미지를 활용하는 '악명

유지전략'을 사용하고 있다고 분석했다.

41) 김우상·황세희·김재홍, "북한의 허세부리기 게임과 미국의 싸움꾼 게임", 『동서연구』 제18권(연세대학교 동서문제연구원, 2006), pp.6－11.

42) 스코트 스나이더, 안진환·이재봉 역(2003), p.147.

43) 서훈(2008), p.161.

44) 최용환(2002), p.219.

45) 김창희, "북한 80년대 중반 서독에서 핵 물질 구입: 김일성 호네커 회담록 원본 등 구동독 국가 기밀문서 입수", 『신동아』, 1995. 11.

46) 돈 오버도퍼, 이종길 역(2002), p.407.

47) 김철우, 『김정일장군의 선군정치: 군사선행, 군을 주력군으로 하는 정치』 (평양: 평양 출판사, 2000), p.287.

48) 최용환(2002), p.219.

49) 함성득, 『김영삼 정부의 성공과 실패』 (서울: 나남, 2001), p.37.

50) 김정일, "위대한 수령님의 혁명정신과 의지, 배짱으로 새로운 승리의 길을 열어나가자"(2002.11.25.), 『김정일 선집 제21권』 (평양: 조선로동당출판사, 2013), pp.327-334

51) 서훈(2008), pp.185－187.

52) 임동원, 『피스메이커』 (서울: 중앙북스, 2008), p.664; 당시 북한과의 협상을 책임지고 있던 임동원 대통령 특보는 자서전에서 "북한사람들의 과장되고 격앙된 발언을 그대로 받아들이는 데는 신중을 기할 필요가 있다. 북한이 HEU를 시인한 것인지 핵무기를 가질 권리가 있다는 것인지 모호하다."고 언급하고 북한이 자극적이고 모호한 표현을 사용하여 미국의 관심을 끌어낸 것일지도 모른다고 분석했다.

53) 후나바시 요이치, 오영환 역, 『김정일 최후의 도박』 (서울: 중앙일보시사미디어, 2007), pp.167－168

54) 후나바시 요이치, 오영환 역(2007), p.465.

55) 『외교부』, https://www.mofa.go.kr/www/brd/m_3973/view.do?seq=293916(검색일: 2022.2.7.)

56) 『세계일보』, 2005년 1월 20일

57) 박순성, "1·2차 북핵위기와 한반도·동북아 질서변화", 『민주사회와 정책연구』 통권 13호(민주사회정책연구원, 2008), p.120.

58) 홍현익(2018), p.34.

59) 임동원(2008), p.704.

60) 이용준(2018), p.180.

61) 스코트 스나이더, 안진환·이재봉 역(2003), p.136.

62) 『조선중앙통신』, 2012년 3월 16일.

63) 『조선중앙통신』, 2012년 12월 12일.

64) 김성배, "김정은 시대의 북한과 대북정책 아키텍처(Architecture): 공진화 전략과 복합적 관여정책의 모색", 『국가안보와 전략』 12권 2호(국가안보전략연구원, 2012), p.224.

65) 『조선중앙통신』, 2013년 2월 12일.

66) "Pentagon Finds Nuclear Strides by North Korea", 「New York Times」, April 11. 2013.

67) 이용준(2018), p.298.

68) 김동욱·박용한, 『북핵 포커게임: 한반도 판을 흔들다』 (서울: 늘품플러스, 2020), pp.84-87.

69) 『통일뉴스』, http://www.tongilnews.com/news/articleView.html?idxno=123122(검색일: 2022.2.18.)

70) 곽길섭, 『김정은 대해부: 그가 꿈꾸는 권력과 미래에 대한 심층고찰』 (서울: 선인, 2019), p.206.

71) 김동욱·박용한(2020), p.147.

72) 유기홍, "김정은의 정상회담 전략연구", 「현대북한연구」 22권 2호(북한대학원대학교, 2019), p.175.

73) 정한범, "하노이 2차 북미정상회담의 한계와 성과", 「세계지역연구논총」 37집 1호(한국세계지역학회, 2019), pp.364-366.

74) 홍현익(2018), pp.43-44.

75) 미치시타 나루시게, 이원경 역(2014), p.370.

제5장

북한 벼랑 끝 전략의 성립조건과 속성

|제5장|

북한 벼랑 끝 전략의 성립조건과 속성

1. 벼랑 끝 전략의 성립조건

북한의 벼랑 끝 전략은 국가전체를 전쟁과 같은 위기상황으로 몰고 간다는 점에서 일반적인 벼랑 끝 전략과는 구별되어야 한다. 일반적으로 벼랑 끝 전략은 대내외적인 위협이 존재하고 상대방의 양보를 기대할 수 있으며 단호한 실행 의지를 가지고 있는 상황에서 발생한다.[1] 따라서 이러한 조건이 충족될 경우 다른 국가들도 언제든지 사용 가능한 외교 전략이다. 반면 벼랑 끝 전략은 전쟁과 같은 위기상황이 조성되어 국가 전체를 위험한 상황으로 몰고 갈 수도 있다는 점에서 쉽게 채택하기 힘든 전략이기도 하다. 그럼에도 불구하고 북한이 벼랑 끝 전략을 지속적이고 반복적으로 사용하고 있는 것은 북한만의 독특한 행태라고 하겠다.

북한이 벼랑 끝 전략을 반복하고 있는 이유는 북한의 대내외적인 정치적·경제적 특수성에서 찾을 수 있다. 대내적으로 북한체제는 최고 지도자의 명령에 어떠한 이의도 제기하지 않고 일사불란하게 움직이는 강력한 1인 지배체제와 군사국가체제가 확립되어 있는 정치적 특수성을 가지고 있다.

또한, 외부국가와의 경제적 의존을 최소화하는 폐쇄적인 자립경제라는 특수한 경제구조를 가지고 있다. 이러한 내부적인 특수성뿐만 아니라 대북제재 속에서도 최소한의 생존을 가능하게 해주는 중국의 지속적인 지원과 미국과의 오랜 협상을 통해 축적한 풍부한 협상경험이라는 대외적 배경을 보유하고 있다. 북한이 벼랑 끝 전략을 지속할 수 있는 결정적 요인은 이러한 대내외적인 배경에서 찾을 수 있다.

대내적 배경

① 강력한 1인 지배와 군사 국가체제

북한의 강력한 1인 지배체제는 북한이 벼랑 끝 전략을 시도함에 있어 외부의 압력을 배제할 수 있는 중요한 요소라고 하겠다. 통상적인 국가에서는 국가 전체적으로 위기 상황이 고조되는 정책을 결정하기 위해서는 국민들의 여론 수렴은 물론 다양한 국내적 상황들에 대한 조율이 필수적이다. 하지만 북한에서는 어느 누구도 최고 지도자의 명령이나 결정에 이의를 달 수 없는 구조이다. 북한은 최고 통치권자 1인이 모든 통제권을 행사할 수 있는 1인 지배체제를 수십 년간 이어오고 있다. 강력한 1인 지배체제를 바탕으로 국가 전체에 대한 통제력을 발휘하여 벼랑 끝 전략과 같은 위험한 전략을 선택할 수 있는 국가는 북한 이외에는 찾아보기 힘들다.[2)]

반면 북한이 상대하는 미국은 북한과는 전혀 다른 민주주의적 의사결정이 이루어지는 국가이다. 최고지도자인 대통령은 4년마다 선거를 통해 국민들의 심판을 받게 되어 있는 구조이다. 이러한 특성을 잘 알고 있는 북한은 미국을 전쟁과 같은 위기상황으로 몰고 감으로써 양보를 강요할 수 있었던 것이다.

김일성에 의해 확립된 1인 지배체제는 김일성 사후에도 김정일에 의해 그대로 계승되었다. 1차 북핵 위기가 진행 중이던 1994년 7월 김일성이 사망하자 그동안 후계구도를 완성하고 있던 김정일은 '유훈통치'라는 명분으로 권력을 장악하였다. 김정일은 김일성이 사망하기 20년 전인 1974년 2월 제5기 8차 당 전원회의에서 김일성의 후계자로 공식 내정되었다. 이후 김정일은 20여 년 동안 후계체제를 제도적으로 완성하였으며 김일성 사망 당시인 1994년에는 당·정·군의 주요 요직을 모두 차지하고 있었다.

김정일은 1차 북핵 위기 당시인 1993년 3월 자신의 이름으로 준 전시상태를 선포하고 NPT 탈퇴를 결정하는 등 대미 벼랑 끝 전략을 실질적으로 주도하였다.[3] 김정일은 김일성 사후 북한의 내부적 혼란을 방지하고 체제붕괴를 막기 위해 군을 동원한 강력한 통제체제를 확립하였다. '선군정치'라고도 불리는 군을 앞세운 강력한 내부 통제는 북한이 군사적 수단을 동원하여 정책을 추진한 모든 분야에 적용되었다.[4] 김정일은 체제의 위기 상황을 국가전체의 군사화라는 수단을 통해 극복하고자 하였고 북한 전체는 일사불란한 동원체제로 전환되었다.[5]

북한이 미국을 상대로 벼랑 끝 전략을 과감하게 구사할 수 있었던 배경에는 강력한 1인 지배체제라는 정치체제가 존재하고 있었기 때문이었다. 북한의 1인 지배체제에서 수령으로 대표되는 김일성의 절대적 권위는 1974년 2월 김정일이 '사상부문 일꾼 강습회' 연설에서 발표한 '유일사상체계 확립의 10대원칙'에 잘 나타나 있다. 이 원칙에 따르면 김일성의 교시나 정책은 절대적인 것이며 무조건 따라야 하고 김일성의 영도 아래 전당, 전국, 전군이 한결같이 움직이는 강한 조직 규율을 세워야 한다는 것이다. 김일성은 수령으로서 어떠한 정책적 선택도 가능한 것이며 북한 사회 전체는 김일성의 명령을 그대로 추종하게 되는 것이다. 북한사회에서 여론의 압력과 같은 것은 존재할 수 없으며 김일성은 완전한 자율성을 가지고 자유롭게 정책을 결정할 수 있었다.[6]

김일성의 절대적 권위와 통제력은 김정일을 거쳐 김정은에게 고스란히 세습되었다. 김정일은 후계 세습체계를 완료한 상태에서 판문점 도끼만행사건을 주도하고 1·2차 북핵 위기 시 미국을 상대로 벼랑 끝 전략을 반복해서 시도했다. 김정일이 주도한 벼랑 끝 전략으로 한반도는 가장 큰 전쟁의 위기를 맞기도 하였다. 이러한 전략의 선택이 가능했던 이유는 김일성의 권력을 세습한 김정일이 더욱 강력한 1인 지배체제를 확립했기 때문이다.

2012년 김정일 사후 권력을 승계한 김정은은 미국과 국제사회의 압력에도 불구하고 핵실험과 미사일 시험 발사를 공개적으로 진행하는 등 벼랑 끝 전략을 과감하게 추진하여 2017년 11월 핵무력 완성을 선언하였다. 김일성과 김정일 시기 은밀하게 추진하던 핵개발을 공개적으로 추진하면서 핵개발 완료를 선언한 김정은의 행태는 북한권력을 완전하게 장악한 권력자의 모습을 그대로 보여준 것이다. 과거 집권자들에 비해 상대적으로 젊은 김정은은 충동적 선택으로 전쟁을 결심할 수 있으며 이러한 선택에 제동을 걸 수 있는 세력이 북한에는 존재하지 않는다.[7] 게다가 핵무기를 보유한 김정은은 김일성과 김정일이 시도했던 것과는 다른 차원에서 벼랑 끝 전략을 시도할 수 있게 되었다.

북한이 벼랑 끝 전략을 선택할 수 있는 또 하나의 정치적 특성으로 군사국가체제를 들 수 있다. 북한은 하나의 거대한 병영이라고 불러도 무방할 정도로 거대한 군사국가체제를 형성하고 있다. 인구의 절반 이상이 군인이고 성장기간 대부분을 차지하고 있는 군사교육과 일상생활에 스며있는 군대식 문화는 북한 전체를 군사국가체제로 변모시켰다.[8] 북한에서 군대의 역할은 단순히 국가를 지키는 무력으로서만이 아니라 전쟁 후 국가건설 과정에서 북한 주민들과 일체감을 형성하였고 군대는 인민의 모범을 창출하는 집단으로 우대되었다.[9] 군대에 대한 주민들의 존경과 일체감은 북한사회 전체가 자연스럽게 병영국가 체제로 변모해 가는 배경이 되었다.

북한이 군사국가체제로 자리 잡게 된 기원은 김일성의 항일유격대 전통에서 찾을 수 있다. 김일성은 1인 지배체제를 구축해가는 과정에서 자신의 항일유격대 투쟁을 혁명의 역사로 각색하였으며 항일 유격대원을 중심으로 권력을 장악하였다. 1인 지배체제 구축을 완료한 1967년 8월 24일 『로동신문』에 "항일유격대원처럼 혁명적으로 살며 일하자"는 구호가 게재되면서 북한의 유격대 국가화가 추진되었다.10)

북한은 모든 인민들이 김일성의 항일 유격대원처럼 김일성을 믿고 따르며 명령은 무조건 이행하는 군사국가로 전환된 것이다. 김일성의 후계구도를 완성해 가던 김정일은 1974년 3월 "생산도 학습도 생활도 항일유격대식으로"라는 선전구호를 만들어 김일성의 유격대 국가를 계승하겠다는 의지를 명확하게 제시하였다.

또한, 한국전쟁이후의 분단구조와 냉전체제도 북한의 군사국가화를 촉진하는 요인으로 작용하였다. 미국과 한국으로부터의 선제공격에 대한 우려와 피포위 의식은 북한이 군사국가체제로 변모하는 추동력으로 작용하였다.11) 한국과 미국의 위협에 대응하기 위해서라는 명분에 북한주민들은 절대적으로 순응하게 되었다. 주민들의 자발적 동의에 따라 북한당국은 북한사회 전체를 급속하게 군사국가체제로 변모시키는 데 성공했다.

1960년대 북한의 4대 군사노선 추진과 북한군의 예비전력인 '교도대', '붉은 청년근위대' 등의 창설은 북한사회의 군사적 질서로의 재편을 촉진하는 계기가 되었다. 외부의 위협으로부터 국가를 지키기 위한 군사력 강화를 목적으로 시행된 이러한 조치들은 북한주민 대부분을 군사조직에 참여시키게 되었고 북한사회는 군사문화가 지배하는 체제로 변화되었다. 북한사회의 군사국가화는 사회에서 군의 영향력을 강화하는 한편 북한사회 전체를 집단동원이 가능한 구조로 변화시켰다.

1994년 7월 김일성 사후 권력을 장악한 김정일은 헌법 개정을 통해 '국방위원회'를 국가최고 결정기관으로 설정하여 군이 국가의 모든 분야를 이끌어 가는 선군정치를 공고화 하였다.12) 김일성의 유격대 국가를 거쳐 김정일의 선군정치가 펼쳐짐으로써 북한은 철저한 군사국가체제로 변모하였다. 지속적인 사상교양과 군사교육을 통해 군사문화를 습득하고 군대식 일상생활을 통하여 군사문화에 익숙하게 길들여진 북한주민들은 지도부의 명령에 철저히 복종하게 된다.

강력한 1인 지배체제와 상부의 명령에 철저하게 복종하는 군사 국가체제는 권력을 장악한 김일성과 김정일이 미국을 상대로 위험한 벼랑 끝 전략을 빈번하게 구사할 수 있었던 중요한 정치적 배경이 되었다.

북한의 군사국가체제는 미국과의 대치상황이 발생할 때마다 전시동원태세 발령과 전쟁도 불사하겠다는 성명전으로 이어졌다. 푸에블로호 나포 사건이 발생하자 총동원령을 선포하고 평양소재 주민들과 행정기관 및 공장들을 지방으로 이전시키는 한편 김일성이 직접 성명을 통해 "우리는 결코 전쟁을 두려워하지 않는다. 보복에는 보복으로 전면전에는 전면전쟁으로 대답할 것이다."라며 전쟁 분위기를 고조시켰다.[13]

판문점 도끼만행사건 당시에는 미군과 한국군의 DEFCON(방어준비태세) 상향에 맞서 조선인민군최고사령관 명의로 준전시상태를 선포하고 인민군 모든 부대에 전투태세 돌입을 명령하였다. 또한, 평양주민들에게 공습대비 훈련을 반복하고 20만 명의 평양주민을 지방으로 이주시켰다.[14]

한편 판문점 도끼만행사건은 김정일이 직접 북한군의 공격을 지시한 것으로 알려져 있다.[15] 북한 지도자들의 호전적이고 충동적인 성격도 북한이 벼랑 끝 전략을 빈번하게 사용하고 있는 요인으로 작용하고 있는 것이다.

군사적 긴장이 고조될 때마다 발령되는 전시동원 명령은 1차 북핵 위기 시에도 그대로 재현되었다. NPT 탈퇴선언 후 미국의 군사적 압박이 강화되자 최고사령관 김정일 명의로 전시 준비태세 돌입을 명령하고 전 부대에 탄환을 지급하는 것은 물론 군 고위간부들을 지하 방공호로 대피시켰다.[16] 또한, 미국과의 협상이 진행되는 와중에도 "대화에는 대화로, 전쟁에는 전쟁으로 답하겠다."는 호전적인 성명을 지속적으로 발표하여 군사적 긴장상태를 고조시켰다.[17]

북한의 반복적인 전쟁준비태세 돌입과 주민동원은 미국에 대한 결의를 보여주기 위한 목적과 함께 주민들을 통제하기 위한 수단으로 이용되었다. 국가를 전쟁위기로 몰고 가는 북한의 행태는 위기상황을 극단으로 몰고 가는 벼랑 끝 전략의 전형적인 행태이며 이러한 행태가 가능한 것은 최고지도자의 명령에 어떠한 이의도 제기하지 않고 국가 전체가 일사불란하게 움직일 수 있는 강력한 1인 지배체제가 존재하기 때문이다. 전쟁 발발의 위기감은 반미감정을 극대화하고 군사적 긴장상태를 고조시킴으로써 북한사회 전체가 자연스럽게 군사국가체제로 끌려가는 분위기를 조성하였다.

북한의 벼랑 끝 전략은 미국을 위협하여 양보를 얻어내기 위한 외교 전략으로써의 효용성뿐만 아니라 강력한 1인 지배체제와 군사국가체제를 공고하게 만들기 위한 내부통제의 목적으로도 활용되었다. 공고화된 1인 지배체제와 군사국가체제는 다시 벼랑 끝 전략을 지속하게 하는 동인으로 작용하는 순환구조를 형성함으로써 북한은 벼랑 끝 전략을 반복적으로 사용하고 있는 것이다.

② 폐쇄적 자립경제 구조

북한이 벼랑 끝 전략을 시도할 때마다 미국은 대북제재를 통해 북한을 압박하였다. 국제적 대북제재는 북한의 무역을 사실상 불가능하게 만들어 북한 경제에 심각한 타격을 주곤 하였다. 1990년대 초반 북한의 심각한 경제난과 식량위기도 미국의 대북제재로 인한 북한경제의 파탄에서 원인을 찾을 수 있다. 그럼에도 불구하고 북한이 벼랑 끝 전략을 지속할 수 있었던 원인 중 하나는 자력갱생을 강조해온 북한의 폐쇄적 경제구조와 배급체계가 붕괴된 상황 속에서도 살아남기 위한 북한주민들의 자생적 시장 활동에서 찾을 수 있다.

한국전쟁 이후 소련을 비롯한 사회주의 국가들의 지원으로 경제건설을 추진하던 북한은 1956년 2월 소련 공산당 제20회 대회에서 시작된 스탈린 격하운동에 대한 반발과 1956년 '8월 종파사건'[18]을 겪으면서 소련계와 연안계 세력을 제거한 뒤 소련과 중국과의 관계에서 '주체'적 태도를 강조하기 시작했다.[19] 북한의 경제 발전을 뒷받침해주던 소련과 사회주의 국가들의 지원 중단은 북한으로 하여금 자력갱생의 경제구조를 갖추도록 하였다.[20]

북한과 소련의 관계는 1962년 발생한 쿠바미사일 위기 시 북한이 소련의 미사일 철거를 비난하는 성명을 발표하면서 급속히 악화되었다. 소련이 경제적 원조를 삭감하자 북한은 자력갱생의 경제건설을 추진하기 시작했다.

김일성은 "공산주의자들은 언제나 자기 나라 인민의 힘을 동원하여 혁명을 승리에로 이끌어야 되며 어떠한 난관도 자체의 힘으로 뚫고 새로운 사회를 건설할 줄 알아야 한다."며 자력갱생을 강조했다.[21] 자력갱생은 당을 중심으로 단결하여 대중적 동원을 최대화하고 악화된 대외환경을 참고 견디는 정책이라는 것이었다.[22]

소련과의 관계악화와 중소분쟁의 틈바구니에서 북한은 사상에서의 주체, 경제에서의 자립, 정치에서의 자주, 국방에서의 자위를 당의 일관된 노선이라고 밝히고 자력갱생의 의지를 강조하였다. 북한은 자립적 민족경제의 구축을 통해 국내의 수요를 국내생산으로 보장하는 경제구조를 건설하겠다고 주장했다.[23] 자력갱생을 빌미로 소련이 주도하는 사회주의 국제 분업체계인 코메콘(COMECON)에도 참여하지 않는다는 정책적 결정을 내리기도 하였다.

대외 경제적 의존관계를 최소화한 북한의 폐쇄적 경제구조는 북한의 경제난을 가중시킨 주요한 원인이 되었으나 역설적으로 대외 의존도를 극도로 낮춘 폐쇄경제 구조는 국제사회의 대북 제재를 견디게 하는 힘으로 작용하였다. 외국과의 무역 의존도가 낮은 경제 구조적 특징이 대북제재의 영향을 최소화시키는 역할을 하게 된 것이다.

북한은 이러한 경제구조를 바탕으로 대북제재가 강화될 때마다 자력갱생을 명분으로 내핍을 강요하였으며 주민들은 오랜 기간 계속되어온 경제난에 익숙해져 별다른 거부감을 표시하지 않게 되었다. 주민들은 북한정부의 배급경제 체제가 붕괴된 이후에는 각자의 생존을 자생적인 시장에 의존하고 있었기 때문에 대북제재로 인한 생활의 변화를 피부로 체감하지 못하게 되는 상황에 이른 것이다.

북한의 폐쇄적 경제구조는 북한이 심각한 경제난을 겪고 있는 주요한 원인임에도 불구하고 북한 당국은 경제난의 원인을 미국의 대북제재 때문이라고 선전하고 있다. 경제 파탄의 책임을 미국 주도의 대북 제재 때문이라고 비난하면서 경제난의 책임을 회피하는 것은 물론 미국에 대한 적개심을 자극하여 북한 주민들을 통제하는 구실로 삼고 있는 것이다.

북한 경제의 폐쇄성은 다음의 <표 5-1>과 같이 남북한의 무역총액 비교를 통해 확인할 수 있다.

표 5-1 남북한 무역총액 비교[24)]

단위: 억 달러

구 분	1975년	1980년	1990년	1995년	2000년	2005년
한국	123.6	398.0	1348.6	2601.8	3327.5	5456.6
북한	17.4	34.5	41.7	20.5	19.7	30.0

출처: 통계청,『2005 남북한 경제 사회상 비교』(서울: 통계청, 2005), p.41.를 참고하여 저자가 재정리

북한의 무역총액은 1975년도에는 한국의 7분의 1 수준이었으나 1990년도에는 32분의 1, 2000년도에는 168분의 1, 2005년도에는 182분의 1 수준으로 급격히 떨어졌다. 단순한 수치상으로도 북한의 2005년도 총 무역액은 30년 전인 1975년 총 무역액과 별다른 차이를 보이지 않고 있다. 이러한 북한의 무역총액 변화는 북한이 얼마나 폐쇄적인 경제구조를 형성하고 있는지를 잘 보여주고 있다.

1970년대 이후 경제 침체를 겪고 있던 북한은 1990년대 들어 사회주의권의 붕괴로 이들 국가로부터의 경제지원이 급속히 축소됨에 따라 심각한 경제위기와 식량난을 겪게 되었다. 1980년대 이후 북한의 소련에 대한 무역의존도는 53%를 넘어서고 있었다. 소련에 과도하게 치우친 무역거래량은 1990년 7월 소련의 고르바초프가 북한에 대한 원조를 중단하고 모든 거래를 경화로 결제해 줄 것을 요구해 오면서 급격하게 줄어들었다. 자립적 민

족경제를 주장하던 북한이었지만 원자재와 원유도입의 상당 부분을 소련에 의존하고 있던 상황에서 갑작스러운 거래축소는 북한경제에 심각한 타격을 주었고 사실상 북한의 계획경제는 붕괴되었다.[25] '고난의 행군'이라고도 불리는 이 시기에 북한의 국가통치 시스템은 제대로 작동하지 못했고 북한 경제운영의 기초라고 할 수 있는 배급체계도 사실상 붕괴되었다.[26]

국가의 배급체계에 의존해 생활해 온 북한주민들은 배급이 중단되자 먹고 살기위해 자구책을 마련하게 되었고 그동안 암암리에 존재해 왔던 시장이 활성화되었다. 배급체계가 붕괴됨에 따라 생존을 위해 자생적으로 형성된 시장은 북한주민들이 국가의 배급 없이도 살 수 있는 환경을 제공하였다.

국가 배급체계가 붕괴된 상황에서 북한주민들은 생존을 위해 시장에 의존하게 되었고 이러한 행태는 북한경제의 체질 변화로 이어지게 되었다. 북한당국도 일반주민들의 시장참여를 묵인하였다. 원자재 공급에서 어려움을 겪던 기업들도 시장을 통해 자율적으로 생산재를 조달하였으며, 일반주민들은 배급제 붕괴로 공급받지 못하던 식량과 생필품을 시장을 통해 구입하게 되었다. 북한이 경제원칙으로 강조해 온 '자력갱생'이 심각한 경제난 속에서 주민 스스로 생존할 수 있는 동력으로 작용한 것이다.

북한이 벼랑 끝 전략을 시도할 때마다 미국과 국제사회는 강력한 경제제재를 통해 북한을 압박하였으나 기대만큼의 효과를 거두지는 못했다. 북한이 외교적 승리라고 자축한 '제네바 북미합의'에서도 미·북 간 무역과 투자장벽을 완화한다는 원칙적인 조항만 언급하고 있을 뿐 경제난을 해결하기 위한 구체적 방안은 제시하지 않고 있다. 북한에게 있어 경제적 어려움은 협상에서 절대적 요소로 작용하지 않는 것처럼 보였다.

대북제재를 주도한 미국과 같은 자본주의 국가의 관점에서 북한의 태도는 이해할 수 없는 것이었으나 수십 년 동안 폐쇄적 경제구조 아래서 자력갱생과 내핍을 강조해온 북한체제 내에서 대북제재는 북한이 견디어 낼 만한 수준의 압력으로 받아들여졌다. 북한은 협상과정에서 대북제재의 완화를 강력하게 주장하면서도 대북제재 완화를 협상의 주요한 의제로 제기하지는 않았다. 폐쇄적인 경제구조는 외부에 대한 북한의 경제적 의존도를 낮춤으로써 북한의 경제난을 심화시키는 요인으로 작용함과 동시에 미국의 대북제재를 견디어 내게 하는 역설적인 상황을 만들었다.

대북제재가 강화될수록 북한은 오히려 주민들에게 자력갱생의 원칙을 강조함으로써 경제 파탄의 책임을 외부로 돌리고 내부 단결을 도모하였다. 무역 의존도가 낮은 폐쇄적 경제구조와 생존을 위한 자생적 시장의 확산은 대북제재를 견딜 수 있는 힘이 되었고 이러한 경제 구조는 북한이 벼랑 끝 전략을 반복적으로 시도할 수 있는 내부적 배경으로 작용하고 있다.

대외적 배경

① 중국의 지속적인 대북지원

북한이 미국의 계속적인 대북제재에도 불구하고 최소한의 생존을 유지할 수 있었던 배경에는 중국이라는 후원자의 존재를 무시할 수 없다. 북한이 자력갱생이라는 자립적 민족경제를 주장하고는 있지만 실질적으로는 중국의 지원에 많은 부분을 의존하고 있다. 북한은 중국으로부터 생존에 필요한 식량과 석유 등의 에너지 자원을 지속적으로 공급받아 왔다. 중국의 지원은 북한이 미국을 상대로 벼랑 끝 전략을 지속할 수 있는 든든한 배경으로 작용하였다.

중국의 최고지도자들은 북한을 방문할 때마다 북한에 대규모의 경제적 지원을 제공했다. 미국의 대북 제재 참여 요구에도 불구하고 중국의 지도자들은 북한을 방문하여 경제적 정치적 지원을 약속함으로써 북한에 대한 영향력 유지는 물론 미국을 견제하기 위한 외교 전략을 시도하였다.

2차 북핵 위기 발생으로 북한에 대한 국제적 압박이 강화되고 있던 2005년 10월 후진타오 중국 주석은 북한을 방문하여 양국 간의 교류와 무역 협력 확대를 약속하는 '북중관계 발전 4원칙'을 천명하였다. 또한 북한이 2009년 5월 2차 핵실험을 실시하여 유엔 안보리의 대북 제재결의안이 채택된 지 불과 몇 개월 만인 2009년 10월 원자바오 중국 총리가 북한을 방문하여 대규모 지원과 경협방안을 제안하였다.[27] 특히 중국은 김정일 사망 직후 북한에 50만 톤의 식량과 원유 25만 톤을 지원한 것으로 알려질 정도로 밀접한 북·중 관계유지에 노력했다.[28] 2019년 6월 20일에는 시진핑 주석이 후진타오 주석 방문이후 14년 만에 북한을 방문하였다. 시 주석은 북한의 안보와 발전을 위해 적극 지원을 약속하였으며 중국의 기업들은 대북투자를 위한 재원 마련 움직임을 보이기도 하였다.

김정은도 중국을 첫 해외 방문지로 선택하여 2018년과 2019년에 걸쳐 수차례 방문하는 등 양국 간의 돈독한 관계를 과시하고 있다. 중국은 북한과의 혈맹관계 유지와 북한체제의 안정을 위해 대북제재에 소극적인 자세로 일관하고 있다.[29]

중국의 대북 지원은 양국 간의 무역에서도 확인할 수 있다. 2015년도부터 2020년도까지 5년간 북한의 대중 무역 비중은 북한 전체 무역 총액의 평균 90%를 상회하고 있다. 북한의 무역 상대국은 중국이 유일하다고 해도 과언이 아닐 정도이며 중국과의 무역은 북한이 최소한의 생존을 유지할 수 있는 활로가 되고 있다.

공식적인 무역 외에 중국과의 접경지역에서 이루어지는 밀무역은 북한이 생존할 수 있는 또 다른 통로이다. 북한은 중국과의 밀무역으로 에너지, 식량 등 생필품을 구매하는 것은 물론 정권 유지를 위한 통치 자금도 마련하고 있다.[30] 중국은 국경 밀무역을 묵인함으로써 북한이 대북제재를 견디어 낼 수 있는 여지를 만들어 주고 있는 것이다.

표 5-2 북한의 대 중국 무역 현황[31)]

단위: 천 달러

구 분	2015년	2016년	2017년	2018년	2019년	2020년
수 출	2,483,944	2,634,402	1,650,663	194,624	215,519	48,000
수 입	3,226,464	3,422,035	3,608,031	2,528,316	2,878,882	710,000
무 역 비 중	91%	92%	94%	95%	95%	88%

출처: 코트라, 『북한 대외무역동향』 자료에서 2015년－2020년간 대중 무역현황을 참고하여 저자가 재정리

② 축적된 대미협상 경험

북한의 대미 협상경험은 한국전쟁 종전을 위한 휴전회담에서 시작되었다. 1951년 7월 10일 개성에서 시작된 휴전회담은 1953년 7월 27일까지 2년여에 걸쳐 진행되었다. 북한은 남일 중장을 수석대표로 임명하여 미국과 휴전 협상을 진행하면서 회담의 주도권을 잡기 위한 다양한 전략을 시도하였다.

휴전 회담장소에 대해 북한은 38선 이남에 위치하고 있던 개성을 고집함으로써 불리한 전세에도 불구하고 자신들이 전쟁에서 승리하고 있는 것처럼 선전하고자 하였다.[32)] 또한, 회담장인 개성으로 가는 유엔군 차량에는 백기를 달게 하여 항복을 하러 오는 것처럼 연출하는 것은 물론 회담장을 무장군인들이 둘러싸도록 하여 위협적인 분위기를 연출하였다.

회담장 내 의자 배치에 있어서도 북한 측은 높은 의자에 앉은 반면 미군 측은 낮은 의자에 앉도록 함으로써 심리적인 압박을 유도하였다. 신속한 회담 진행에만 집중했던 미국은 북한의 요구를 대부분 수용함으로써 휴전회담은 북한의 선전장으로 변질되었다.

휴전회담이 진행되는 도중에도 미국 대표들은 북한의 협상태도에 힘겨워했다. 북한은 회담을 길게 끌거나 지연시켜 미국 측을 심리적으로 지치게

만드는 것은 물론 회담을 방해하기 위한 다양한 전술을 구사했다. 미국 측 대표로 회담에 참석한 조이 제독은 북한이 일방적인 양보를 강요하고, 심리전을 병행하며 상대방이 지치도록 지연전술을 사용하고 합의한 내용을 언제든지 거부한다고 지적했다.[33)]

북한은 휴전협상을 통해 합리적이고 민주주의적인 절차를 중시하는 미국과의 협상에서는 무모하거나 예측 불가능한 비합리적인 전략이 효과가 있다고 확신하였다. 북한의 휴전협상 경험은 이후 미국과의 협상에서 수시로 재현되었다.

푸에블로호 나포 사건 해결을 위한 북·미 간 협상에서 북한은 미국에게 일방적인 사과를 요구했다. 북한은 모든 책임은 상대에게 있다고 전제하고 위협적인 발언을 통해 회담의 주도권을 잡고자 하였다. 북한은 푸에블로호 승무원 82명을 인질로 잡고 있는 상황에서 미국이 군사적 공격을 가하기는 어려울 것이라고 판단하고 회담기간 내내 미국을 거세게 비난하며 강경한 자세로 일관했다.

휴전회담을 통해 미국의 합리적인 해결방식을 경험한 북한은 거친 태도로 미국을 압박하는 것이 가장 효과적인 협상전략이라고 판단한 것이다. 결국 미국은 북한의 요구를 대부분 수용하여 사과문서에 서명한 후 승무원들을 송환받아 협상을 종결하였다. 북한은 강한 압박 전략으로 미국을 상대로 승리를 거두었다고 자평했다. 휴전회담과 푸에블로호 협상의 경험은 북한이 대미 협상전략의 틀을 형성하는데 절대적 영향을 주었고 이후 미국과의 협상에서 그대로 재현되었다.

푸에블로호 협상에서 또 하나 북한이 주목한 것은 미국과의 협상에서 주도권을 잡기 위해서는 미국의 대응을 억제할 수 있는 수단이 필요하다는 것이었다. 푸에블로호 협상 당시 북한은 승무원들을 인질로 활용하여 미국을 강하게 압박할 수 있었던 것이다. 이후 북한은 한국을 인질로 삼아 군사적 무력 도발과 핵개발을 시도하면서 미국을 압박하는 벼랑 끝 전략을 구사하기 시작했다.

휴전회담과 푸에블로호 협상에서의 경험은 북한으로 하여금 미국을 상대로 동일한 전략을 반복적이고 빈번하게 사용하게 하였다. 위기를 조성하여 미국의 관심을 유도한 후 위협적인 전략으로 상대방을 압박하는 벼랑 끝 전략이 북한의 대미 협상전략으로 자리 잡게 되었다.

1차 북핵 위기 시 북한은 핵개발을 수단으로 벼랑 끝 전략을 구사하여 커다란 외교적 승리를 거두었다. 1차 북핵 위기가 발생하자 북한은 무모하고 호전적인 정권이라는 부정적 이미지를 최대한 활용하였다. 핵 시설에 대한 사찰압력이 계속되자 '준전시 상태'를 선포하여 전쟁 위기감을 고취시킨 후 NPT 탈퇴를 선언하여 위기감을 극대화시켰다.

이후에도 핵연료봉 인출 및 재처리 경고, 미사일 발사, IAEA 탈퇴 등 극단적인 방법으로 미국을 압박하여 결국 자신들의 요구를 대부분 수용한 '제네바합의'를 이끌어 내었다. 북한은 제네바 합의를 외교적 승리라며 대대적으로 선전하였고 회담 대표단은 평양시민들로부터 열렬한 환영을 받았다. 북한에게 벼랑 끝 전략은 승리를 보장하는 확실한 수단으로 여겨졌다.

벼랑 끝 전략에 대한 북한의 신뢰가 어느 정도인지는 2차 북핵 위기 협상과정에서 북한이 시도한 전략을 통해 확인할 수 있다. 북한의 전략을 간파하고 있던 미국을 상대로 북한은 동일한 전략을 그대로 반복했다. 핵시설 재가동, NPT 탈퇴 선언, IAEA 안전협정 무효화, 핵연료봉 처리, 핵무기 보유선언 등 미국을 압박하기 위한 다양한 전략을 구사하였다. 하지만 미국의 무시전략에 별다른 대응책을 찾지 못하다가 결국 6자회담에 참여하게 되었다.

2차 북핵 위기 협상의 실패에도 불구하고 북한은 벼랑 끝 전략을 유용한 수단으로 상정하고 있는 것으로 보인다. 2019년 2월 하노이 2차 북미정상회담이 결렬되자 곧바로 미사일 발사를 재개하고 2022년에 들어서자마자 연속적인 미사일 발사와 핵실험 재개 가능성을 언급한 것은 북한이 벼랑 끝 전략을 앞으로도 지속적으로 사용할 것임을 보여주는 사례라고 하겠다.

2. 벼랑 끝 전략의 작동방식

단계적 위기 조성

북한이 미국을 협상으로 유도해 내기 위해 사용하고 있는 벼랑 끝 전략은 일종의 위기조성 외교라고 정의할 수 있다. 위기조성 외교라는 관점에서 볼 때 벼랑 끝 전략은 먼저 군사적 수단을 사용하여 위기감을 조성한 후 상황에 따라 추가적인 위협을 가하여 위험을 확대하는 방식으로 전개된다. 북한은 협상에서 유리한 입장을 차지하기 위해 처음에는 낮은 수준의 위기상황을 조성하여 상대의 주목을 유도한 후 상대의 반응에 따라 위기의 수준을 급격히 향상시키는 단계적인 방식의 협상전략을 사용하고 있다.[34]

북한은 벼랑 끝 전략을 시도하는 첫 단계에서는 상대가 예측하지 못한 군사적 도발을 통해 상대방의 기선을 제압(Outmaneuvering)함으로써 협상을 유리하게 이끌어가는 것이다.[35] 약소국인 북한의 입장에서 미국을 상대로 협상의 주도권을 잡는다는 것은 쉬운 일이 아니다. 따라서 북한은 미국의 관심을 유도할 수 있는 기습적인 군사적 도발을 통해 미국을 협상장으로 끌어들여 협상의 주도권을 잡고자 하였다.

북한은 자신들의 전략적 목표 달성을 위해 군사력을 사용해 왔다. 푸에블로호 나포 사건 당시 북한은 한국전쟁으로 인한 피해복구를 완료하고 중공업 육성정책을 집중적으로 추진하면서 국방력 강화를 강조하였다. 당시 북한은 쿠바미사일 위기 시 소련의 미사일 철거 결정을 비난하면서 국방력 강화를 강조하고 전인민의 무장화, 전국토의 요새화, 전군의 현대화, 전군의 간부화라는 4대 군사노선을 채택하고 경제력과 군사력을 동시에 강화하는 '국방·경제 병진노선'을 채택하였다.[36]

북한은 전후 복구와 경제성장을 바탕으로 강력한 군사력 증강을 시도하였다. 1968년 푸에블로호 사건은 이러한 군사적 자신감을 바탕으로 발생한 사건이었다. 당시 북한은 소련으로부터 전투기 200여 대를 제공받고 대공

미사일 시설을 10곳 이상 증설하였으며 중형전차, 잠수함 2척, 유도미사일정 2척, 고속어뢰정 40척, 연안방어를 위한 지대함 미사일 기지 2곳 등 강력한 군사력을 보유하고 있었다. 특히 공군력에 있어서는 한국 공군력의 2배가 넘는 400여 대의 전투기를 보유하고 있었다.[37] 이러한 강력한 군사력은 미국을 상대로 벼랑 끝 전략을 시도할 수 있는 배경이 되었으며 푸에블로호 나포 사건 발생 초기 미국과 한국이 군사적 보복을 주저하게 만든 중요한 요인으로 작용하였다.

1차 북핵 위기 시 북한은 핵개발을 수단으로 협상의 주도권을 장악하였다. 북한은 핵관련 시설에 대한 국제적 압력이 계속되자 준전시 상태를 선포하여 위기를 고조시킨 후 곧바로 NPT를 탈퇴하였다. 이후에도 압력이 가해질 때마다 미사일을 발사하고 핵연료봉 교체를 선언하는 등 미국에 대한 위협을 지속했다. 이러한 핵을 무기로 한 북한의 위협은 푸에블로호 사건 당시와 마찬가지로 미국으로 하여금 북한에 대한 공격을 주저하게 만들었다. 강력한 군사력을 바탕으로 했던 푸에블로호 사건과 1차 북핵 위기는 북한이 벼랑 끝 전략을 성공시킨 대표적 사례였다.

북한은 푸에블로호 사건과 1차 북핵 위기 시 강력한 군사력을 바탕으로 벼랑 끝 전략을 성공시켰다. 강력한 군사력은 미국이 북한을 상대로 무력을 행사할 경우 예상되는 막대한 피해에 대한 우려를 증폭시켰다.

푸에블로호 사건이 발생 이전인 1964년 2월 김일성은 “전체 인민이 무장하고 온 나라를 요새화한다면 어떠한 원쑤도 함부로 우리를 건드리지 못할 것이며 원쑤들이 분별없이 덤벼든다 하더라도 그들은 참패를 면치 못할 것이다.”라고 주장하며 4대 군사노선의 실행을 독려했다.[38] 북한의 강력한 군사력 건설로 미국은 보복공격을 실행할 수 없었다.

1차 북핵 위기 시 북한은 심각한 경제난으로 한국과 미국에 대한 군사적 열세가 확실해지자 재래식 전력의 열세를 상쇄하기 위한 수단으로 핵무기 개발을 추진하였다. 체제 생존을 위해 북한이 선택한 핵무기 개발은 재래식 전력과는 비교할 수 없을 정도의 강력한 군사적 위협수단으로 활용되어 미국의 보복공격을 차단하였다. 미국의 공격에 대한 억제수단으로서 강력한 군사력 건설과 핵개발은 벼랑 끝 전략이 성공할 수 있었던 결정적인 요인으로 작용하였다.[39]

반면 강력한 군사력이 뒷받침되지 않았던 판문점 도끼만행사건당시는 북한이 벼랑 끝 전략을 먼저 시도했음에도 미국의 군사력에 압도당하여 결국 김일성이 유감을 표명하였다. 또한 2차 북핵 위기 시에는 북한이 먼저 핵무기를 완성했다고 공언하며 미국을 압박하였음에도 불구하고 미국으로부터 별다른 양보를 얻어내지 못했다. 이 두 가지 사례는 상대방이 인식할 정도의 군사적 위협이 동반되지 않는 벼랑 끝 전략은 별다른 효과를 거둘 수 없음을 보여주고 있다.

벼랑 끝 전략의 두 번째 단계는 위험을 확대하여 재생산하는 단계이다. 벼랑 끝 전략의 첫 단계에서는 상대방이 감내할 수 있을 정도의 위협을 행사하여 상대의 주의를 끄는데 집중하는 반면 두 번째 단계에서는 상대방이 감내하기 힘든 수준으로 위협의 강도를 높여 양보를 끌어내기 위해 위기를 의도적으로 확대하는 것이다.[40] 전쟁 발발과 같이 상대방이 감내하기 힘들 정도의 위기상황을 조성하여 협상국면을 완전히 자신에게 유리한 상황으로 변모시키는 것이다.

푸에블로호 사건 초기 북한은 푸에블로호를 나포한 후 영해 침범과 간첩 행위를 강력하게 비난하면서 전시 동원령을 발표하는 등 전쟁 준비 태세에 돌입하여 벼랑 끝 전략의 첫 단계인 위기상황을 조성하였다. 이후 미국이 북한의 위협에 대응하여 군사적 보복을 계획하고 협상에 임해오자 푸에블로호 승무원 82명을 인질로 사용하여 미국을 압박하면서 동시에 위기를 재생산하는 2단계 전략을 구사하였다.

미국과의 협상이 진행되는 와중에 승무원들이 잘못을 인정하고 사죄를 구하는 장면을 지속적으로 공개하여 미국정부와 미국 여론을 압박하였다. 당시 대선을 앞두고 있던 미국의 존슨 행정부의 입장에서 미국 유권자인 승무원들을 인질로 삼은 북한의 위협은 감내하기 힘든 상황이었다. 북한은 미국정부가 감내하기 힘들 정도로 위기상황을 고조시킴으로써 미국의 사과를 받아냈다. 북한은 푸에블로호 협상에서 벼랑 끝 전략을 단계적으로 구사하여 미국으로부터 외교적 승리를 얻어낸 것이다.

판문점 도끼만행사건은 벼랑 끝 전략의 일반적인 전개과정과는 조금 다른 양상으로 사건이 진행되었다. 북한은 국제적 관심이 집중되어 있던 판문점에서 위기상황을 과장하고 미군철수 여론을 고조시키기 위해 판문점 공동경비구역 내에서 작업하던 미군을 공격하여 위기상황을 조성하는 벼랑 끝 전략의 첫 단계를 시도하였다.

협상초기 북한은 유엔사 측이 먼저 사건의 빌미를 제공한 것이며 자신들은 방어적 행동을 한 것이라고 변명하고 억지주장을 지속하며 판문점을 국제사회에 분쟁지역으로 인식시키고자 시도하였다. 그러나 북한의 공격행위를 입증하는 명백한 사진자료와 북한의 폭력성에 대한 국제적 비난이 비등함에 따라 북한은 위기의 확대라는 벼랑 끝 전략의 두 번째 단계를 시도해 보지도 못하고 사태 수습에 급급하게 되었다.

미국의 강력한 대응에 대한 잘못된 판단과 사건 현장에서의 우발적인 상황 발생 등으로 북한의 예측과는 전혀 다르게 전개된 것으로 보이는 판문점 도끼만행사건은 북한의 전략적 실패라고 해석할 수 있다.[41]

1차 북핵 위기 시 북한이 시도한 벼랑 끝 전략은 벼랑 끝 전략의 전개방식을 그대로 보여주고 있다. 미국과 IAEA가 북한의 미공개 핵시설에 대한 사찰을 계속 요구하자 북한은 준 전시상태를 선포한 후 NPT 탈퇴를 선언하였다. 미군의 군사적 압박에 대응하여 발령하던 준 전시상태를 북한이 먼저 선언하고 NPT를 탈퇴함으로써 핵개발을 지속하기 위해 전쟁도 불사하겠다는 강력한 신호를 보낸 것이다. 이러한 북한의 행태는 그동안 미국과의 협상에서 쌓은 경험을 바탕으로 벼랑 끝 전략의 첫 단계인 군사적 위협을 통한 위기상황 조성을 실행한 것이다.

북한의 강력한 위협에 미국은 북한과 직접접촉을 추진하는 한편 유엔을 통한 대북압박으로 문제를 해결하고자 하였다. 북한은 미국과의 협상을 통해 북한에 대한 안전보장을 담보하는 '북미공동성명'을 채택하였고 북한주민들에게 회담에서 승리했다고 대대적으로 선전했다.

그러나 이후 북미 간의 회담이 북한 핵 사찰문제로 계속 난항을 거듭하자 북한은 위기를 확대 재생산하기 위한 2단계 전략을 시도했다. 북미회담과 병행하여 진행되던 남북대화 중지를 발표하고 IAEA 사찰단의 사찰을 거부했다. 또한 '서울 불바다' 발언으로 위기감을 증폭시키는 한편 8천여 개에 이르는 폐연료봉 인출을 시작하여 핵무기 생산을 위한 플루토늄의 생산을 재개했다.

이러한 북한의 행위는 핵무기를 생산하겠다는 것을 의미하는 것으로 위기를 극단적인 상황까지 끌어올린 것이다. 북한의 위험 확대 전략은 결과적으로 미국의 주의를 끄는 데 성공했고 카터 전 미대통령의 평양방문으로 이어져 협상이 재개되었다.

북한은 전쟁의 위험까지 무릅쓰는 강경책으로 미국에 도전하여 북한의 외교적 승리라고 평가되는 '제네바 합의'를 이끌어 내었다. 이후 북한의 벼랑 끝 전략은 약소국이 강대국을 상대로 위기 외교를 성공적으로 이끌어 낸 사례로 주목받게 되었다.

반면 2차 북핵 위기 시 북한의 벼랑 끝 전략은 비슷한 전략을 반복적으로 구사하다가 목표 달성에 실패한 사례라고 할 수 있다. 2차 북핵 위기는 북한이 미국의 특사단 앞에서 핵무기 개발로 이어지는 고농축 우라늄(HEU) 계획이 실재한다고 공개적으로 밝힘으로써 시작되었다.

북한의 행태에 익숙했던 임동원 전 특보는 "북한의 발언은 과장되고 격앙된 북한사람들의 수사에 불과하다."고 해석한 반면 미국은 발언을 액면 그대로 해석하여 제네바 합의를 파기함으로써 2차 북핵 위기가 시작되었다.[42] 제네바 합의에 비판적이던 미국의 부시행정부는 북한의 발언을 기회로 제네바 합의를 파기해 버린 것이다.

북한은 예기치 않았던 미국의 반응에 핵시설 재가동을 선언하며 벼랑 끝 전략을 다시 시도하였다. 이후에도 핵무기 개발 완료나 제3국 이전 같은 발언으로 미국을 압박하고자 하였으나 미국의 관심을 유도하는 데 실패하였다. 벼랑 끝 전략의 첫 단계인 위기 조성이 제대로 이루어지지 않은 것이다.

급기야 북한은 위기조성 분위기가 형성되지도 않은 상항에서 위기를 확대시키고자 핵무기 보유를 선언하였으나 미국은 "새로울 것이 없다."며 덤덤하게 반응할 뿐이었다. 핵 보유에 대한 모호한 발언으로 최대한의 이득을 얻어냈던 1차 북핵 위기 때와는 달리 핵보유를 선언했음에도 미국의 관심을 이끌어 내지 못한 것이다.[43] 북한의 벼랑 끝 전략이 제대로 작동하지 않은 것이다. 결국 북한은 협상의 주도권을 상실하고 6자 회담을 통해 '9.19 공동선언'에 합의하게 되었다.

북한의 벼랑 끝 전략은 첫 단계로 낮은 수준의 위기를 조성하여 상대방을 협상장으로 이끌어 낸 후 2단계로 위기를 확대 재생산하여 협상의 주도권을 확보함으로써 상대로부터 최대한의 양보를 얻어내는 단계적 방식으로 전개될 때 효과를 거두었다.

단계적인 위기조성은 전략을 시도하는 입장에서 볼 때 자신들이 감내할 수 있도록 위기 수준을 조절하기 위한 시간을 확보할 수 있다는 점에서 매우 유용한 전략이다. 반면 위기상황이 제대로 조성되지 않은 상태에서의 무리한 벼랑 끝 전략은 상대방의 강력한 맞대응과 무시전략으로 오히려 실패할 수 있는 위험성을 내포하고 있다고 하겠다.

결과적으로 북한의 벼랑 끝 전략은 예측불가능하거나 무모한 전략이 아니라 상대의 반응에 따라 단계적으로 위기를 고조시키면서 신중하게 다음 전략을 시도해 가는 신중하고 합리적인 전략인 것이다.

전략 선택의 유연성

일반적으로 북한의 벼랑 끝 전략은 자신의 의지를 고집하여 상대방의 양보를 강요하는 '치킨게임'과 같은 것이라고 설명되기도 한다.[44] 예측 불가능하고 무모하며 호전적이고 미치광이와 같은 북한의 국제적인 이미지에 비추어 북한의 벼랑 끝 전략은 무모한 10대들의 치킨게임과 같은 것이라고 설명할 수 있다. 치킨게임에서는 비합리적인 선택을 할수록 유리하기 때문에 운전대를 뽑아 창밖으로 던지는 것과 같은 비이성적인 행동으로 상대방의 양보를 강요하기도 한다.[45] 단, 이러한 무모한 행동은 운전대를 뽑아 던지는 장면을 상대방이 인지했을 경우에만 효과가 발휘된다는 점에서 상당한 위험을 수반한다고 하겠다.

북한이 미국과 한국을 상대로 벌인 수많은 군사적 도발과 이후 협상에서 보여준 막무가내의 행태들은 북한의 이미지를 무모하고 비합리적인 국가로 고착시켰다. 그러나, 북한은 비합리적인 집단이라는 고정관념은 협상에서 북한이 주도권을 잡을 수 있는 유용한 카드로 작용하였다. 북·미 간 충돌이 발생할 때마다 북한은 비합리적인 국가라는 부정적인 이미지는 미국이 북한에 대한 공격을 포기하게 만드는 이유로 작용하였다.

그러나 북한이 미국을 상대로 벼랑 끝 전략을 시도하면서 일관되게 무모하고 위험한 위기조성을 반복한 것은 아니었다. 북한이 일관되게 무모한 전략을 고집했을 것이라는 생각은 북한을 무모한 국가로 보는 선입견이 낳은 오해의 결과이다.

북한은 협상과정에서 미국의 반응을 신중하게 살피면서 위기가 고조될 때마다 자신들이 감당할 수 있는 범위 내에서 스스로 위협의 수위를 조절하고 전략을 변경해 왔다. 무모해 보이는 벼랑 끝 전략 속에는 유연하게 전략을 수정하는 합리적이고 신중한 판단이 내재되어 있었던 것이다.

북한은 미국과의 치킨게임을 벌이면서 핸들을 뽑아 밖으로 던져버리는 비합리적이고 무모한 행태를 반복하는 것처럼 인식되었으나 사실 북한은 브레이크를 단단히 밟고 있었던 것이며 언제든지 방향을 바꿀 수 있는 별도의 운전대를 따로 숨겨 두고 있었던 셈이다. 상황이 자신들에게 불리하게 전개되거나 계획과 다른 결과가 예상되는 순간 유연하게 전략을 수정하였다.

푸에블로호 나포 사건 시 북한은 겉으로는 미국을 맹비난하며 강경한 대치상태를 유지하면서도 속으로는 미국에 협상제의를 지속했다. 미국에 대한 비난성명을 발표하는 와중에도 내부적으로는 승무원들이 모두 잘 지내고 있으니 직접 만나 협의를 하자고 제안할 정도였다.[46]

북한은 미국에 대한 전쟁의지를 과시하며 위기감을 고조시키면서도 한편으로는 협상을 통한 해결을 원한 것이다. 치킨게임과 같이 미국으로부터 일방적 양보를 얻어내고자 하였다면 협상제의는 하지 않았을 것이다. 위기를 조성한 후 미국이 군사적 공격을 예고하면 협상을 제안하여 문제를 해결하고자 하는 북한의 협상전략은 이후에도 유사하게 반복되었다.

판문점 도끼만행사건은 북한의 당초 의도와는 다르게 사건이 확대되면서 벼랑 끝 전략이 제대로 작동하지 못한 것으로 보인다. 사건 발생 당시 북한은 미군에 대한 공격으로 위기가 조성되자 오히려 미군 측을 비난하고 북한전역에 전쟁준비태세 돌입을 공개적으로 명령하여 위기감을 확대시키고자 하였다. 하지만 미군과 한국군이 실질적인 전쟁 준비에 들어가고 북한에 대한 공격이 임박하자 북한은 급격히 태도를 전환하여 김일성이 직접 유감을 표명하고 사건을 서둘러 마무리하였다.

사건의 발단이 되었던 미루나무를 미군이 완전히 벌목하고 한국군이 북한군 초소를 파괴하는 과정에서도 북한군은 어떠한 적대적 행위도 하지 않았다.[47] 미군과 한국군이 철저한 준비를 바탕으로 단호하게 행동하자 북한은 상황이 더 이상 확대되지 않도록 현상관리에 집중하는 것으로 전략을 수정한 것이다.

북한의 외교적 승리라고 선전하는 1차 북핵 위기 시에도 북한은 상황에 따라 유연하게 전략을 수정하였다. 준 전시상태 선포와 함께 NPT 탈퇴라는 기습 선언으로 미국과의 직접협상과 경제적 지원이라는 성과를 거두었다. 이후에도 북한은 NPT탈퇴와 IAEA 사찰 거부를 무기로 미국에 대한 벼랑 끝 전략을 지속하였다. 하지만 북한의 지속적인 위협에 실망한 미국이 맞대응으로 전환하여 공격이 임박했음을 느끼자 북한은 강경일변도의 전략을 수정하여 협상을 모색하게 되었다.

북한은 자신들이 통제할 수 있는 범위 내에서 위기를 조성하면서 한편으로는 위기 해결을 위한 협상창구를 모색하는 이중 전략을 사용하였다. 북한의 벼랑 끝 전략은 무조건 질주하는 무모한 치킨게임이 아니며 언제든지 방향을 전환할 수 있는 유연한 전략인 것이다.

카터 대통령의 방북은 북한이 군사 대결을 피하고 협상으로 전환할 수 있었던 유일한 탈출구였다.[48] 전쟁이 임박한 상황에서 명분을 살리면서 위기를 모면하기 위한 수단으로 카터의 방북을 선택한 것이다. 위기상황에서 탈출구를 모색하는 것은 북한의 전형적인 행태라고 하겠다.

1차 북핵 위기 시 북한의 정책결정 과정은 게임이론의 게임트리(game tree) 모델을 사용하여 <그림 5-1>과 같이 '전개형 게임' 방식으로 도식화할 수 있다.

그림 5-1 1차 북핵 위기 시 북한의 정책결정 게임트리

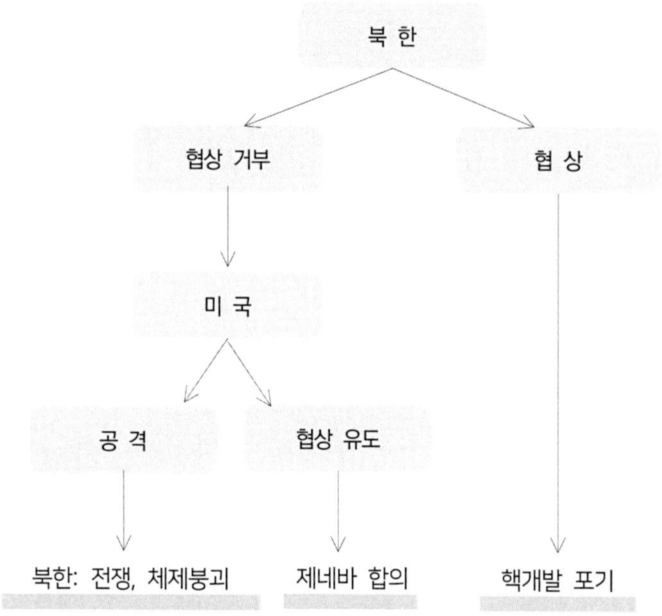

출처: 박찬희·한순구, 『인생을 바꾸는 게임의 법칙』 (서울: 경문사, 2006), p.178.을 참고하여 저자가 재정리

북한은 미국과의 협상에 응하는 것은 곧 핵개발을 포기하는 것을 의미하기 때문에 협상을 거부하였고, 미국은 북한의 협상거부에 대응하여 북한내 핵시설에 대한 폭격과 군사적 공격을 진지하게 검토하였으나 결국 협상유도 정책을 선택하였다. 미국의 선택으로 북한은 제네바합의라는 성과를 거두게 되었다.

미국이 협상유도 정책을 선택한 이유는 위기가 최고조에 달한 시점에 북한이 협상 의도를 강하게 보였기 때문이었다. 결과적으로 북한은 미국으로 하여금 협상유도 정책을 선택하도록 미국의 정책결정자들을 설득한 셈이었다. 북한은 벼랑 끝 전략을 유연하게 구사함으로써 위기상황에서 자신들에게 유리한 상황을 조성해 내었다.

2차 북핵 위기 시에도 북한은 HEU(고농축우라늄) 계획의 실재를 주장하며 벼랑 끝 전략을 전개하였으나 미국이 별다른 반응을 보이지 않자 얼마 후 스스로 자신들의 주장을 부인하였다. 북한의 태도 변화에 대해 미국은 북한이 실수를 깨닫고 전략을 수정한 것이라고 평가하였다.[49] 북한과의 협상 경험을 통해 북한 벼랑 끝 전략의 속내를 간파한 것이다.

북한은 자신들의 위협에 미국이 무반응으로 일관하자 급기야 핵개발 완성까지 선언하였으나 미국은 CVID(완전하고 검증가능하며 불가역적인 해체) 정책을 고수하였다. 미국의 대응에 당황한 북한은 전략을 급수정하여 미국과의 양자 간 협상을 포기하고 6자회담이라는 국제 공조의 틀 안에서 '9.19 공동성명'에 합의하는 것으로 협상을 마무리하였다.

북한의 벼랑 끝 전략은 무모하고 예측 불가능한 전략으로 인식되어 왔으나 실제로는 상대국의 상황과 자신의 입장에 따라 유연하게 전략을 수정하는 영리한 전략인 것이다. 북한은 비합리적인 국가라는 자신들의 부정적 이미지를 역으로 활용하면서 벼랑 끝 전략을 상대의 반응에 따라 유연하게 운용하고 있는 것이다.

북한의 벼랑 끝 전략이 매우 경직된 전략으로 인식되어 있는 것은 이미 잘 알려져 있는 전략임에도 불구하고 전혀 개의치 않고 일관된 행동을 반복하고 있는 북한의 특이한 행태에 기인한 것이다.50) 유사한 전략을 반복적으로 시도하는 사례는 북한 이외의 다른 국가에서는 찾아볼 수 없는 행태이다. 유사한 협상전략을 동일한 상대에게 지속적으로 반복하고 있는 북한의 행태 자체가 벼랑 끝 전략을 이해하기 힘든 예측 불가능한 전략으로 특징지어 주고 있는 것이라 하겠다.

3. 북한 벼랑 끝 전략의 특징

목표의 변화

북한의 벼랑 끝 전략은 냉전시기를 전후로 공격적인 형태에서 방어적인 형태로 변화하고 있다. 북한은 냉전시기 군사력에 대한 자신감을 바탕으로 공격적인 벼랑 끝 전략을 시도하였다. 반면 냉전 이후에는 사회주의 공산권 붕괴와 심각한 경제난으로 체제붕괴의 위험에 직면하면서 체제 생존을 위한 수세적 입장에서 벼랑 끝 전략을 시도하고 있다.51)

냉전시기 북한의 대표적인 벼랑 끝 전략 사례인 푸에블로호 나포 사건 당시 북한은 소련의 군사지원으로 군사력에서 한국을 앞서 있었으며 당시 한국에 배치된 미군전력이나 동해에 파견된 항공모함 전력은 북한을 압도할 정도는 아니었다.

당시 북한은 김일성 1인 지배체제를 확립하여 강력한 통치체제를 확립한 상태에서 북한 전체를 요새화하고 전 주민을 무장시키기 위해 4대 군사노선을 채택하는 한편 경제력과 군사력을 동시에 강화하는 '국방·경제 병진노선'을 추진하는 등 자신감에 넘쳐 있었다.52) 이러한 군사적 자신감을 배경으로 북한은 한국전쟁에서 미국으로부터 받은 피해의식을 털어내고 자존감을 회복할 수 있는 계기를 만들고자 하였다.

푸에블로호 나포 후 북한은 푸에블로호가 가지고 있던 군사적·정보적 가치에는 별다른 관심을 두지 않았다. 푸에블로호 승무원들의 증언에 따르면 북한 억류당시 북한군들이 행한 고문과 신문은 정보를 얻어내기 위한 것이 아니라 간첩행위에 대한 자백과 사죄문을 얻어내기 위한 것으로 보인다.[53]

북한은 미국과의 푸에블로호 승무원 송환 협상을 완료한 후 외무성 성명을 통해 "푸에블로호 사건은 미국의 강대성에 대한 신화를 깨뜨린 조선인민의 승리"라고 선전했다.[54] 북한이 푸에블로호를 나포한 1968년은 북한이 정권 수립 20주년을 대대적으로 선전하던 해였다. 북한은 공화국 건국 20주년에 맞추어 체제에 대한 자신감을 회복하고 미국에 대한 열등감을 극복하기 위해 푸에블로호 나포를 계획한 것으로 추측된다. 푸에블로호 사건을 통해 미국의 사과를 이끌어 냄으로써 북한은 미국과의 대결에서 승리했다는 희열을 느끼게 되었다.

북한의 대미 자신감은 미국에 대한 공세적 전략으로 이어져 급기야 판문점 도끼만행과 같은 어처구니없는 사건이 발생하게 되었다. 국제사회에서 미군철수에 대한 지지를 받고 있던 상황에서 저지른 북한의 행위는 벼랑 끝 전략의 대표적인 실패사례였다.[55]

냉전시기 벌어졌던 북한의 푸에블로호 나포와 판문점 도끼만행사건은 사건 이후의 파장이나 전개과정과는 별개로 북한이 벼랑 끝 전략을 펼치는 방식이 매우 공격적이었음을 보여주고 있다. 두 사건 모두 북한의 선제적이고 기습적인 공격으로 발생하였으며 미국은 제대로 대응조차 하지 못한 것이다. 선제적인 공격을 통해 미국을 협상장으로 유도하고 양보를 얻어내고자 한 북한의 전략은 상당한 성과를 거두었다.

반면 냉전이후 북한의 벼랑 끝 전략은 체제생존이라는 절박한 상황에서 수세적으로 전개되었다. 1990년대 동유럽 사회주의권의 몰락과 소련의 해체로 냉전이 종식되면서 북한은 체제 붕괴의 위기에 직면하게 되었다. 중국과 소련이 한국과 수교하여 외교적 고립상태에 빠지고 심각한 경제난이 지속되자 북한은 체제생존의 길을 모색하게 되었다. 정치적·경제적인 위기 속에서 북한은 재래식 전력에 비해 훨씬 적은 비용으로도 강력한 억지력을

발휘할 수 있는 핵개발에 매달리게 되었다.56)

북한은 핵무기 개발의 불투명성을 대미 협상의 유용한 수단으로 활용하고 핵무기 개발을 통해 한국에 대한 군사적 우위를 확보하고자 하였다.57) 냉전 종식 이후 북한은 체제의 생존과 안전 보장에 모든 것을 걸어야 할 만큼 절박한 상황에 처하게 되었다. 이런 상황에서 북한의 벼랑 끝 전략도 냉전시기와는 전혀 다르게 전개되었다.

체제 생존을 명분으로 북한이 핵무기 개발을 시도하자 국제사회는 대량살상무기의 확산을 우려하여 북한에 압력을 가하기 시작했다. 은밀하게 핵개발을 추진하던 북한에 대해 미국과 IAEA가 특별사찰을 요구하자 북한이 강력하게 반발하면서 1·2차 북핵 위기가 발생하였다.

북핵 위기가 발생하자 북한은 벼랑 끝 전략으로 국제사회에 대응하였으나 그 방식은 냉전시기와 같은 선제적이고 공격적인 것이 아니라 수세적이고 소극적인 것이었다. 미국이 핵개발 의혹을 추궁하면 이를 부인하고, 사찰을 요구하면 보상을 요구하거나 거부하는 정도로 대응을 이어갔다. 1차 북핵 위기 시 북한이 제네바 합의라는 외교적 승리를 거둔 것도 벼랑 끝 전략의 결과라기보다는 북한이 곧 붕괴될 것이라는 클린턴 정부의 낙관적인 전망과 유화정책의 결과라고 볼 수 있다.58)

북한이 미국과의 협상에서 전쟁도 불사하겠다는 각오로 핵개발을 지속하고자 한 것은 미국을 위협하겠다는 공격적인 전략이라기보다는 체제 생존과 안전보장을 위해서는 핵개발에 매달릴 수밖에 없다는 절박한 상황을 반영한 것이었다.

북한이 벼랑 끝 전략을 끊임없이 시도하는 것을 무모한 도발과 전쟁의 위험마저 감수하는 지극히 공격적이고 비합리적인 전략이라고 분석하는 것은 체제 생존의 위기에 처한 북한의 상황을 제대로 이해하지 못한 것이라고 할 수 있다. 북한은 벼랑 끝 전략을 시도하면서 체제 생존을 위협할 수 있는 전쟁이 현실화될 정도로 심각한 상황이 발생하고 있다고 판단하는 순간 서둘러 탈출구를 찾기 시작했다.59)

북핵 협상의 결과 북·미 간에 체결된 '제네바 합의'와 6자회담 후 채택된 '9.19 공동성명'의 주요내용이 북한이 핵을 포기하는 대가로 미국이 불가침과 대북지원을 보장하는 것으로 채워져 있다는 사실은 북한의 전략목표가 체제의 생존과 안전에 있다는 것을 명확히 보여주고 있다. 북핵 위기 당시 북한은 미국에 대한 위협을 지속하면서도 끊임없이 협상을 제안하였다. 미국과의 대결에서의 승리를 선전했던 냉전시기와는 달리 협상자체에 목표를 두고 벼랑 끝 전략을 시도한 것이다.[60)]

냉전시기 기습적이고 선제적인 공격을 통해 상대방의 기선을 제압하여 협상의 유리한 고지를 차지하는 것을 특징으로 했던 북한의 벼랑 끝 전략이 냉전이 종식된 이후부터는 체제 생존을 위해 협상 자체를 목적으로 하는 수세적인 전략으로 변화한 것이다.

삼자 간 치킨게임

북한은 미국을 상대로 벼랑 끝 전략을 시도하면서 한국을 배제하는 '통미봉남'을 지속적으로 추구하는 한편 한국을 북·미 협상의 군사적인 볼모로 활용하였다.[61)] 북한은 미국을 상대로 벼랑 끝 전략을 시도하면서 한국을 위협의 대상으로 삼는 특이한 행태를 보여주었다. 위기로 인한 피해는 한국이 감수하도록 상황을 조성한 것이다.

벼랑 끝 전략은 종종 치킨게임에 비유된다. 치킨게임에 참여하는 당사자들은 상대방이 양보하지 않을 경우 피해를 온전히 감수할 수 있다는 각오로 게임에 임한다. 피해를 무릅쓸 각오나 용기가 부족한 사람은 게임에서 패배하게 되는 것이다. 양자 간의 대결을 본질로 하는 치킨게임은 벼랑 끝 전략의 속성과 유사한 것이 사실이다. 하지만 북한이 미국을 상대로 시도한 벼랑 끝 전략은 한국이라는 또 한명의 참여자가 개입된 변형된 형태의 삼자간 치킨게임 양상을 보여주고 있다.

푸에블로호 사건 당시 한국은 미국이 북한과 직접 접촉을 통해 협상을 벌이는 것에 대해 강하게 항의하였다. 북한과 군사적 대치를 지속하고 있는 상황에서 동맹국인 미국이 북한을 협상상대로 인정하는 것은 국제사회에서 북한의 위상을 높여주는 결과를 초래하게 되는 상황을 우려했기 때문이었다.[62] 한국은 미국이 한국의 안전보장은 소홀히 한 채 푸에블로호 승무원 석방에만 매달리는 것에 불만을 강하게 표시하며 베트남에서 한국군의 철수와 북한에 대한 독자적인 보복 가능성을 암시하며 미국을 압박했다.[63] 한국의 박정희 대통령은 제2의 한국전쟁도 불사하겠다는 강경한 자세로 미국을 긴장시켰다.[64] 북한과 미국의 양자게임을 한국이 변수로 참여하는 게임으로 전환시키고자 한 것이다. 반면 북한은 한국을 배제하고 미국과의 직접협상을 추진하는 '통미봉남'에 주력하였다. 사실 북한도 한국을 협상의 변수로 인식하고 있었던 것이다.

판문점 도끼만행사건 시 한국의 개입은 훨씬 더 극적인 장면을 연출했다. 미국은 한국군과 합동으로 사건의 발단이 된 미루나무 벌목작전(폴 버니언 작전)을 실행했다. 작전 과정에서 한국군은 경호와 근접지원만을 맡기로 했으나 별도의 독자적인 보복계획을 마련하였다. 미군들이 미루나무를 자르고 있는 도중 무장한 한국군 특전사 대원 64명은 공동경비 구역 내 북한군 초소 4곳과 도로차단기를 파괴하는 무력시위를 벌였다.[65] 한국군의 공격에 북한군은 아무런 대응도 하지 않고 지켜보기만 할 뿐이었다. 폴 버니언 작전 시 한국군의 보복 공격은 북한의 벼랑 끝 전략 상대가 미국만이 아니라는 사실을 확인시켜 주었다.

1차 북핵 위기 시 북한의 벼랑 끝 전략에 대한 한국과 미국의 대응은 각국이 처한 상황에 따라 조금 다른 양상으로 진행되었다. 북한의 NPT 탈퇴 선언과 핵개발 위협에 대응하여 미국은 외교적 해결방안을 모색하였다. 그러나 북한이 핵관련 시설 사찰을 허용하지 않고 핵개발을 지속하는 움직임을 보이자 미국은 북한에 대한 공격계획을 수립하였다.[66]

한국정부는 초기 북한과의 관계개선을 통해 위기를 해결하고자 미전향 장기수인 이인모를 북한에 송환하는 등 우호적인 시도를 하였으나 북한이 미사일 발사를 실행하자 강경대응으로 전환하였다. 북한과의 교역을 중단하고 예비군 소집을 점검하는 등 전쟁에 대비한 준비를 시작했다. 하지만 막상 미국의 공격이 임박하자 당시 김영삼 대통령은 전쟁으로 인한 발생하게 될 엄청난 피해에 우려를 표명하며 미국의 공격을 강하게 반대했다. 한국정부는 전쟁 발발 시 입게 될 피해를 감내할 수 없었던 것이다. 한국정부의 피해에 대한 두려움은 고스란히 북한에 대한 보상비용 부담으로 이어졌다.

미국정부도 한반도에서 전쟁 발발 시 수만 명에 이르는 미군 사망자와 수십만 명의 한국군 사상자, 엄청난 수의 민간인 희생자와 수백억 달러에 달하는 전비가 필요하다고 평가하였다.[67] 남북한이 입을 피해규모는 상상하기 힘들 정도였다. 결국 미국은 협상을 통한 문제해결을 선택하여 '북·미 제네바 합의'가 이루어졌다.

1차 북핵 위기 상황을 치킨게임 모델로 표현하면 일반적인 양자 간 게임과는 다른 점을 발견할 수 있다. 북한이 핵개발을 무기로 벼랑 끝 전략을 시도할 때 상대방이 미국인 것은 확실하지만 미·북이 충돌하여 전쟁이 발발할 경우 가장 큰 피해자는 한국이라는 사실이다. 한반도가 전쟁터가 될 경우 피해는 남북한이 입게 되는 것이다. 치킨게임을 벌이는 차량에 미국과 북한이 타고 있는 것이 아니라 미국이라는 원격조종자가 운전하는 차량에 한국이 탑승하여 북한과 대치하는 아이러니한 상황이 전개되는 것이다. 한국의 입장에서 이 게임은 운전대가 없는 리모트 컨트롤 차량에 탑승하여 미국을 대신해 게임을 벌이는 'R/C(Remote Control)형 치킨게임'이라고 할 수 있다.

북한은 미국을 상대로 벼랑 끝 전략을 시도했지만 충돌로 인한 피해는 고스란히 남북한이 입게 되는 상황에서 북한은 생존이 걸린 결사적인 심정으로 게임에 참여한 반면 미국은 제3자적 입장에서 적절한 보상과 합의로 문제를 해결하고 보상비용은 한국에 떠안기고자 하였다. 상대를 압도하기 위해 필요한 강한 배짱과 의지가 미국은 부족했던 것이다.

미국은 동맹국인 한국이 막대한 피해를 감수하지 않도록 보상이라는 수단으로 핵 위기를 해결하는 대신 위기 해결의 비용은 한국에게 떠넘기는 선택을 한 것이다. 한국은 게임의 참여자이면서도 선택의 권한은 없이 미국의 결정에 따라 비용을 부담하고 핵 위협에서 벗어나는 역할을 맡게 된 셈이었다. 반면 미국은 협상의 당사자이면서도 피해에 대한 부담은 지지 않는 독특한 형태의 치킨게임을 시도한 것이다.

2차 북핵 위기 시 미국은 북한의 핵무기 보유 선언도 무시한 채 압박을 지속하는 한편 중국과 러시아가 참여하는 6자회담을 통해 북핵문제 해결을 시도함으로써 북한의 벼랑 끝 전략을 원천적으로 차단하였다. 북한은 회담의 주도권을 상실한 채 '9.19 공동선언'에 합의할 수밖에 없었다. 다자간 협상에서 치킨게임은 성립할 수 없었던 것이다.

한국은 6자회담 진행과정에서 미·북 간 이견을 줄이고 북한이 6자회담을 수용하도록 조정자 역할을 담당하였다. 당시 한국의 노무현 대통령은 북한 김정일에게 공동성명의 타결을 희망하는 메시지를 수차례 전달함으로써 북한의 동의를 얻어내기도 하였다.[68] 그동안 북·미 협상에서 제외되었던 한국이 협상 중재자로서의 역할을 인정받은 것이었다. 미국을 상대로 한 양자 간 치킨게임으로 비유되던 북한의 벼랑 끝 전략이 한국의 역할이 증대됨에 따라 남·북·미 모두가 전략적 선택 권한을 발휘하는 삼자 간 치킨게임으로 변형된 것이다.

전략적 한계

① 맞대응 유발과 역효과

북한은 약소국임에도 불구하고 강대국인 미국을 상대로 벼랑 끝 전략이라는 위기외교를 전개하여 상당한 성과를 거둔 것이 사실이다. 북한의 벼랑 끝 전략은 약소국이 강대국을 상대할 수 있는 비대칭 외교의 성공적 사례로 평가되기도 한다.

북한이 미국을 상대로 위험을 감수하는 벼랑 끝 전략을 시도할 수 있었던 주요한 이유는 국가 정치체제의 차이에서 찾을 수 있다. 북한은 1인 지배체제가 확립된 독재국가로 집단주의와 군사국가적 가치관이 지배하는 철저한 통제사회이다. 북한은 국가나 집단의 목표달성을 위해서 국민 개개인들은 얼마든지 희생할 수 있는 존재로 여기고 있다.[69] 반면 북한이 상대하는 미국은 국민 개개인의 권리와 자유를 존중하는 민주사회로 국민들이 피해를 감수할 수 있는 전략을 정부가 함부로 선택할 수 없는 구조이다.

북한의 협상전략을 연구한 척 다운스는 북한이 위험한 벼랑 끝 전략을 선택할 수 있는 이유를 북한 정권의 주민들에 대한 고도의 통제능력 때문이라고 분석했다.[70] 북한정권은 다른 국가와는 비교할 수 없을 정도로 강력한 통제력을 가지고 있었으며 이러한 강력한 통제 권력을 바탕으로 북한은 위험한 전략을 지속할 수 있었다는 것이다. 또한 척 다운스는 북한의 김일성은 미국 민주주의 사회의 특성을 파악하고 있었으며 전쟁의 위험이 고조되면 미국사회는 전쟁이 아닌 평화를 선택하고 위기를 해소하기 위한 방법을 찾을 것을 확신하고 있었다고 주장했다.[71] 김일성은 미국은 위험이 고조되면 평화적 해결을 위해 양보할 수밖에 없다는 확신을 바탕으로 벼랑 끝 전략을 시도한 것이다.

그러나 북한의 벼랑 끝 전략이 항상 북한에게 유리한 일방적 결과만을 가져온 것은 아니었다. 북한이 선전하는 외형적 성과와는 달리 한국과 미국의 맞대응 전략으로 북한은 중장기적인 관점에서 볼 때 상당한 부담을 안게 되는 결과가 초래되었다.[72] 북한의 벼랑 끝 전략이 시도될 때마다 한국과 미국은 안보동맹을 강화하고 한국의 군사력 증강을 강화하는 계기로 활용하였다. 또한 국제정세를 고려하지 않은 북한의 전략은 판문점 도끼만행사건에서 보듯이 북한의 국제적 신뢰와 지지를 떨어뜨리는 부정적인 결과를 가져오기도 하였다. 북한의 벼랑 끝 전략이 단기적으로는 성공한 것처럼 보였으나 중장기적인 관점에서는 상당한 부작용과 맞대응 전략을 초래한 것이다.

푸에블로호 나포는 북한의 외교적 승리로 끝난 것이 확실하다. 북한은 미국과의 직접협상을 성사시키고 미국의 사과를 이끌어 내는 성과를 거두었다. 푸에블로호 선체를 반환하지 않고 반미선전의 장으로 활용한 것은 북한이 거둔 성과를 단적으로 보여주는 사례였다. 그러나 이러한 가시적인 성과의 뒷면에는 한미동맹 강화와 한국의 국방력 강화라는 예상치 못한 상황이 존재하였다.

한국은 푸에블로호 나포 사건발생 초기부터 미국이 한국을 배제하고 북한과 직접협상을 추진하는 것에 강한 불만을 표시하면서 한·미 동맹의 손상을 우려하였다. 이에 미국은 양국의 국방장관이 참석하는 한미안보협의회를 매년 개최하는 것으로 정례화하고 최신 개인화기인 M－16소총을 제공하여 한국의 전투력 강화를 적극 지원했다.

또한, 한국에 1억 달러의 군사원조를 제공함으로써 한국의 군사력 강화에 일조했다. 한국은 미국이 제공한 1억 달러의 원조금으로 최신예 전투기인 F－4D 팬텀 전폭기 18대와 장갑차 100여 대를 구매하는 등 군의 무기와 장비를 보강하였다. 또한 180만 명 규모의 향토예비군을 창설함으로써 한국의 국방력은 크게 향상되었다. 푸에블로호 나포 사건으로 북한은 정치적 선전이라는 효과를 거두었으나 한·미 연합방위체제 강화와 한국의 군사력 증강이라는 역효과를 초래하게 되었다.[73]

판문점 도끼만행사건은 북한의 벼랑 끝 전략이 초래한 부작용이 가장 두드러지게 나타난 사례이다.

1970년대 북한 외교의 목적은 비동맹 정상회의에서 지지를 획득하고 유엔총회에서 한반도 문제와 관련된 표결에서 한국에 승리하는 것이었다.[74] 북한은 판문점 도끼만행사건이 발생하기 직전인 1976년 8월 비동맹운동 정상회의에서 주한미군 철수를 주장하는 결의안을 제출한 상태였다. 그러나 판문점 도끼만행사건이 발생하자 북한을 지지하던 많은 비동맹 회원국들이 북한에 대한 지지를 유보하였으며 북한이 제출한 결의안도 대폭 수정되었다. 당초 김일성은 이 회의에 직접 참석하여 지지를 호소할 계획이었으나 회원국들의 태도변화에 당황하여 참석을 취소하기도 하였다.[75]

또한, 북한은 9월 21일 개최예정인 제31차 유엔총회에 제출하고자 했던 북한지지 결의안을 자진해서 철회하였다. 이 사건으로 북한의 외교적 입지가 크게 위축되었다. 또한, 이 사건에 대해 북한의 김일성이 휴전회담이후 처음으로 미국에 유감을 표명함으로써 국제적 위신도 크게 손상을 입게 되었다.

반면 한국은 이 사건을 계기로 한·미 연합방위체제를 강화하기 위해 '한미연합군사령부(CFC: Combined Forces Command)' 창설을 추진하였다. 한국은 주한미군의 계속적인 주둔을 전제로 한국군 작전통제권을 미군 사령관이 지휘하는 '한미연합군사령부'에 이관함으로써 유사시 미군과의 효율적인 연합작전체계를 구축하게 되었다.[76)]

1차 북핵 위기 시 북한은 핵개발이라는 엄청난 수단을 활용한 벼랑 끝 전략을 구사하여 비교적 온건한 대북 정책을 구사하던 미국의 클린턴 정부를 상대로 커다란 외교적 승리를 거둘 수 있었다. 반면 북한은 핵무기 개발에 막대한 비용을 소모함으로써 심각한 경제난에서 벗어날 기회를 상실하게 되었다.

북한은 핵 관련 시설 건설에 6~7억 달러, HEU 개발에 2~4억 달러, 핵실험에 2억 달러, 핵융합 연구에 1~2억 달러 등 총 11~15억 달러를 투입된 것으로 추정된다.[77)] 북한이 본격적으로 핵개발을 추진하던 1990년대 북한의 군사비 지출 규모가 평균 17억 달러 전후였음에 비추어 볼 때 막대한 비용이 소모된 것이다.[78)] 고난의 행군이라고 불릴 정도로 심각한 경제난에 시달리던 북한의 입장에서 핵개발은 체제생존을 위해 경제를 희생시킨 선택에 불과한 것이었다.

2차 북핵 위기 시 북한은 1차 북핵 위기 당시와 비슷한 벼랑 끝 전략을 구사하였으나 성과는 미미하였다. 미국의 강력한 맞대응에 부딪히자 적당한 대응방안을 찾지 못한 채 스스로 핵무기 개발을 선언하여 미국을 위협하고자 하였다. 그러나 북한의 전략은 별다른 효과를 거두지 못했을 뿐만 아니라 오히려 대북제재가 강화되는 것은 물론 미국과의 직접협상도 단절된 채 6자회담을 허용해야 하는 상황에 빠지게 되었다.

표 5-3 북한 벼랑 끝 전략의 역효과 및 부작용

사 례	역효과 / 부작용
푸에블로호 나포	1. 한 · 미 국방장관이 모두 참여하는 안보협의회 정례화로 한 · 미 간 연합방위체제 강화 2. 한국에 대한 1억 달러 군사원조 및 군사장비 지원으로 한국의 국방력 강화 3. 한국의 향토예비군 창설
판문점 도끼만행	1. 북한에 대한 비동맹국들의 지지 상실 2. 김일성의 국제적 위신 손상 3. 한미연합작전 능력 향상
제1차 북핵 위기	1. 핵개발 지속에 따른 대북제재 강화 2. 막대한 핵개발 비용 소모로 경제난 심화
제2차 북핵 위기	1. 미국과의 직접협상 중단 2. 핵무기 보유 선언 등 협상 전략 노출

② 유사전략 반복으로 인한 효과 상실

북한이 미국을 상대로 협상을 벌인 최초의 경험은 한국전쟁 종전을 위한 휴전회담에서 시작되었다. 1950년 6월 25일 북한군의 기습적인 공격으로 시작된 한국전쟁은 1950년 9월 16일 맥아더 장군의 인천상륙작전 성공으로 전쟁의 양상을 반전시키고 유엔군과 한국군은 1950년 10월 1일 38선을 돌파하여 북진하기 시작했다.

유엔군과 한국군이 38선을 돌파한 다음날인 10월 2일 유엔주재 소련대표 말리크(Yakov A. Malik)가 휴전을 제안하는 결의안을 유엔총회에 제출함으로써 종전을 위한 휴전회담 논의가 시작되었다.[79] 휴전회담 논의가 시작된 지 10개월이 지난 1951년 7월 10일 개성에서 정식으로 회담이 개최되었다. 이후 북한의 요구로 회담장소를 판문점으로 옮긴 후 전쟁이 끝난 1953년 7월 27일까지 협상이 진행되었다.[80]

회담은 유엔대표단 수석대표인 미 해군사령관 조이 터너(C.Turner Joy) 제독과 한국의 백선엽 소장, 북한은 수석대표인 인민군 총사령관 남일 중장, 중국 인민의용군 총사령관 쉬에 팽(Hsiech Fan) 장군이 참여하였다. 유엔군 대표단은 미국 조이제독이 수석대표를 맡은 반면 북한과 중국 대표단은 북한의 남일 중장을 수석대표로 임명함으로써 휴전회담은 북한과 미국의 협상으로 진행되었다.

휴전 회담장소와 관련하여 유엔군 측은 원산항에 정박 중이던 덴마크 병원선 유트란디아호를 제안한 반면 북한은 개성을 고집하였다. 유엔 측은 중립국 선박인 중립지대에서 신속한 합의가 이루어질 것으로 기대한 반면 북한은 38선 이남에 위치하고 있던 개성을 고집함으로써 자신들이 전쟁에서 승리하고 있음을 선전하고자 하였다.[81] 개성을 회담장소로 선택한 것에 대해 당시 유엔군 사령관이었던 리지웨이(Mathew B. Ridge) 대장은 "후회하게 될 양보를 하고 말았다."고 토로했다.[82]

회담장인 개성의 내봉장 여관 건물로 가는 도중 유엔군 차량은 합의에 따라 백기를 달게 되었다. 대표단의 안전을 확보하기 위한 방편이었던 백기를 단 차량은 공산군 측 기자들이 집중적으로 촬영하여 유엔군이 항복을 하러 오는 것처럼 선전하였으며 회담장 건물은 총으로 무장한 공산 측 군인들이 둘러싸 위협적인 분위기를 연출하였다.

또한, 회담장 내 의자도 공산군 측은 높은 의자에 앉고 유엔군 측은 낮은 의자에 앉도록 함으로써 심리적 압박을 유도하였다. 회의개최를 수용한 유엔군 측의 호의를 공산군 측은 철저히 이용한 것이다. 북한은 미국을 상대로 회담의 주도권을 잡기 위한 위협전술을 이미 사용하고 있었던 것이다. 협상대표였던 조이 제독은 이러한 상황을 지켜보며 공산진영의 의도를 확실하게 인식하였다.[83] 회담을 신속하게 진행시키는 데 집중한 미국과는 달리 북한은 회담을 자신들에게 유리하게 이끌어 가기 위해 철저하게 계획대로 행동하였다.

이후 회담장소를 판문점으로 옮겨 휴전협정이 조인된 1953년 7월 27일까지 2년여라는 장기간에 걸친 협상이 이루어졌다. 한국전쟁이 자신들에게 불리하게 전개되자 휴전협상을 제안하고 전쟁이 전개되는 상황에 따라 회담을 자신들에게 유리하게 이용하려 한 북한의 협상전략은 미국을 상대로 승리를 거둔 것처럼 인식되었고 협상에 참여한 미국 대표들은 북한의 협상 태도에 힘겨워했다.

그러나 협상이 진행되면서 미국도 북한의 협상전략을 간파하고 강경하게 대응하기 시작했다. 당시 유엔군 측 수석대표였던 조이 제독은 북한의 협상 태도에 대해 "공산군은 회담을 무작정 길게 끌어 온갖 이득을 챙기려고 하였으나 유엔군이 군사적 압력을 지속하자 신속하게 합의를 보고자 하였다."고 술회하면서 공산주의자들은 회담을 방해하거나 지연시키기 위한 다양한 전술을 구사했다고 주장했다.[84] 북한의 생각과는 달리 휴전협상을 통해 미국은 북한의 협상전략을 간파하게 된 것이다.

조이 제독은 북한의 협상전략을 분석하여 북한은 일방적인 양보를 강요하고, 심리전을 병행하며 상대방이 지치도록 지연전술을 사용하고 합의한 내용을 언제든지 거부한다고 지적했다.[85] 북한의 협상전략을 연구한 스코트 스나이더는 냉전시기 북한의 협상행태는 '다른 수단의 전쟁(war by other means)'이었으나 냉전종식 이후에는 정권의 생존을 위해 협상을 절실하게 원하고 있다고 분석했다.[86]

북한은 휴전협상의 수석대표로 협상과정에 주도적으로 참여하면서 미국의 협상전략을 직접 체험하게 되었다. 북한은 미국과의 협상을 통해 합리적인 협상을 추구하는 미국에게는 억지로 우기기와 같은 비합리적이 전략이 효과가 있음을 확인하였다.[87] 전쟁을 조기에 마무리하려는 미국정부의 정치적 입장과는 별개로 비합리적인 북한의 주장대로 회담이 진행되는 것을 경험한 북한은 이후 미국과의 협상에서도 휴전협상의 기억을 끄집어내어 반복적으로 사용하였다.

푸에블로호 나포 사건이 발생하고 북·미 간 첫 접촉이 이루어진 군사정전위 회의에서 북한은 푸에블로호의 영해침범과 간첩행위에 대해 미국이 사죄할 것을 강력히 요구하였다. 미국의 잘못으로 사건이 발생했으며 모든 책임이 미국에 있음을 인정하라는 것이었다. 휴전회담 이후 미국과의 첫 접촉에서 북한은 휴전회담 당시와 같이 모든 책임을 상대에게 전가하고 위협적인 발언으로 회담의 주도권을 잡고자 시도한 것이다.

동시에 북한은 미국이 군사력을 동원하여 전쟁을 도발하려고 한다며 "보복에는 보복으로 전면전에는 전면전으로 대답할 것"이라며 위기감을 조성하였다.[88] 북한이 강경하게 대응을 한 배경에는 푸에블로호 승무원 82명을 인질로 잡고 있고 베트남 전쟁이 한창인 상황에서 미국의 군사적 위협이 실제 공격으로 이어지지는 않을 것이라는 판단이 작용한 것이다. 또한 휴전회담에서의 경험을 통해 미국은 합리적인 해결을 선호한다는 것을 염두에 두었기 때문이었다.

결국 미국은 북한의 요구대로 북한이 만든 사과문건에 서명하고 승무원들을 송환받음으로써 협상을 종결하였다. 미국은 승무원들을 구하기 위한 인도주의적 이유로 사과문건에 서명했다고 발표했으나 북한은 자신들의 협상 전략이 승리한 것이라고 평가했다. 북한은 휴전회담과 푸에블로호 협상에서의 경험을 통해 대미 협상전략의 틀을 형성하였고 이후 협상에서도 그대로 활용하였다.

북한은 푸에블로호 협상을 통해 미국을 협상장으로 끌어들인 후 주도권을 잡기 위해서는 미국의 관심을 유도할 수 있는 유용한 수단이 필요하다는 것을 알게 되었다.[89] 이후 북한은 미국의 관심을 유도하기 위해 군사적 무력 도발을 감행하고 핵개발을 시도하였다.

휴전회담과 푸에블로호 협상에서의 승리 경험은 북한이 미국을 상대하는 협상전략으로 굳어져 북한은 미국과의 협상에서 동일한 전략을 반복적으로 사용하게 되었다. 먼저 위기를 조성하여 미국의 관심을 유도한 후 단계적으로 위협을 증가시켜 양보를 얻어낸다는 북한의 협상전략은 위기를 조성하기 위해 무모하고 비합리적인 수단을 사용하는 벼랑 끝 전략으로 고착화되었다.

북한은 냉전시기에는 군사적 도발을 통해 위기감을 고조시키고자 한 반면 냉전이후에는 핵개발을 수단으로 미국과의 협상을 시도하게 되었다. 한국과의 군사력 차이가 크게 벌어지면서 북한은 미국의 관심을 유도하고 위기감을 조성하기 위해 핵무기 개발이라는 강력한 수단을 사용하게 된 것이다.

북한은 벼랑 끝 전략을 사용하여 1차 북핵 위기 시에는 커다란 승리를 거두었다. 기존의 재래식 군사 위협과는 차원이 다른 핵무기를 수단으로 사용함으로써 대미 협상에서 승리를 거둔 것이다. 그러나 유사하게 진행된 2차 북핵 위기 시에는 북한이 스스로 핵무기 보유를 선언하며 미국을 위협하고자 하였음에도 불구하고 미국의 관심을 끄는 데 실패한 것은 물론 협상의 주도권마저 상실하였다. 이러한 사실은 북한이 벼랑 끝 전략을 동일한 형태로 반복함에 따라 협상전략으로써 효과가 상실되고 있다는 것을 보여주는 것이다.

북한이 1차 북핵 위기 시 핵개발을 수단으로 벼랑 끝 전략을 구사한 것에 대하여 돈 오버도퍼는 "북한이 극한 정책으로 상대방을 벼랑 끝으로 몰고 가 양보를 받아 낼 수는 있으나 문제는 동일한 행태가 반복될수록 그 벼랑 끝이 어디인지를 알 수 없게 된다."며 벼랑 끝 전략의 문제점을 지적했다.[90] 벼랑 끝 전략을 반복하면 할수록 상대방은 위기에 대한 내성이 생겨 진짜 위험한 상황이 닥쳐도 알아채지 못하게 된다는 것을 경고한 것이다.

스코트 스나이더는 북한의 반복적인 벼랑 끝 전략 시도를 이솝우화인 '양치기 소년'에 비유하여 설명하고 있다. 북한이 벼랑 끝 전략을 사용하여 위기감을 고조시키려고 해도 미국은 그러한 북한의 시도를 무시하고 상대하지 않게 된다는 것이다.[91] 실제로 2차 북핵 위기 시에 북한이 핵연료봉 8,000개를 처리 완료했다고 경고했음에도 미국이 별다른 반응을 보이지 않자 북한은 관련 사실을 공개적으로 발표하여 미국의 관심을 유도하려고 하였다.

이러한 북한의 행태에 대해 당시 미 국무장관이었던 파월은 "벌써 같은 이야기를 여러 번 들었다. 우리는 그런 거 모른다."고 논평했다.[92] 이후 북한은 미국과의 직접협상을 포기하고 6자회담에 참여하였다. 북한의 벼랑 끝 전략이 더 이상 작동하지 않은 것이다. 북한의 벼랑 끝 전략이 동일한 대상에 대하여 동일한 문제를 반복적으로 적용할 때 효과가 약화되는 것은 당연한 것이며 미국이 북한의 전략에 익숙해지면 익숙해질수록 이러한 경향은 더욱 강해질 것이다.[93)]

벼랑 끝 전략이 상대방으로부터 무시를 받는 등 효과가 상실되면 상대방의 적개심이나 반발을 불러오는 역효과를 초래할 수 있다. 1차 북핵 위기 시 미국이 파격적인 양보를 허용한 것은 제네바 합의 이행에 대한 북한의 선의를 기대한 것이었다. 그러나 미국의 기대와는 달리 경수로 건설지원과 중유제공, 대북제재 완화 등의 노력에도 불구하고 북한의 핵문제 해결은 전혀 진전이 이루어지 않았다.[94)] 북한의 태도는 미국정부의 분노와 불신을 초래했고 부시행정부는 북한에 대한 강력한 제재와 압박전략을 구사하게 되었다.

북한의 벼랑 끝 전략은 일종의 위기외교라고 할 수 있으며 북한은 위기를 조성하기 위해 군사적 도발을 감행하여 상대방을 협상장으로 끌어들인 후 억지주장과 난폭한 행동으로 상대를 위협하고 협상을 지연시키거나 협상 시한을 촉박하게 설정하여 상대를 압박하는 전략을 수십 년 동안 집요하게 사용하고 있다.[95)]

북한의 이러한 협상행태는 비합리적이고 예측 불가능한 것으로 여겨졌다. 북한의 전략에 대한 평가는 북한이 구사하는 전략의 실체를 설명해 주는 것이라기보다는 북한의 행태를 이해할 수 없다는 실망감을 표현한 것이다. 북한은 상대방이 전혀 상상할 수 없는 전략을 기습적으로 사용하여 협상의 주도권을 잡고 상대에게 양보를 강요하고자 하였다.

그러나 무모하고 예측할 수 없는 것으로 평가되는 북한의 벼랑 끝 전략 자체보다 더 이해하기 어려운 것은 똑같은 전략을 오랜 기간 반복하고 있는 북한의 행태이다. 협상장에서 허세를 부리거나 난폭한 욕설과 고함을 지르는 것은 북한의 전형적인 수법이며 자신들의 열세를 감추기 위한 기만전술에 불과한 것이다. 여론을 중시하고 분쟁을 회피하고자 하는 미국 민주주의 체제의 특성을 이용하려 한 북한의 벼랑 끝 전략은 북한에 많은 이득을 가져다주었으나 반복된 전략으로 더 이상 효과를 발휘하지 못하고 있다. 미국은 북한이 협조적으로 변할 것이라는 기대를 포기하였다.

휴전협상에서 미국 측 수석대표를 역임했던 조이 제독은 북한은 미국의 군사력 사용이 임박했다는 절박한 위기의식을 느꼈을 때만 협상에 진지하게 임한다고 북한의 협상전략을 분석했다.[96] 스나이더는 북한의 벼랑 끝 전략에는 벼랑 끝 전략으로 맞서는 것이 효과적일 수도 있다고 주장했다.[97] 벼랑 끝 전략은 북한에게 이득을 가져다주는 협상전략으로서의 효과를 상실하고 있는 것이다.

벼랑 끝 전략의 효과가 상실되고 있는 상황에서도 북한이 벼랑 끝 전략을 지속하고 있는 것은 전략의 효과와는 별개로 또 다른 위험성을 내포하고 있다. 상대방의 무시나 맞대응으로 벼랑 끝 전략의 효과가 나타나지 않을 경우 북한은 더 강력한 위협전략을 사용하고픈 유혹에 빠질 수 있다. 이러한 상황은 돈 오버도퍼가 지적한 것처럼 벼랑 끝 전략의 마비효과를 가져와 정말로 위기상황이 다가오고 있음에도 위기의 수준을 제대로 인식하지 못하도록 만드는 것이다.[98] 위기의 수준에 대한 무감각은 양측 모두에게 파멸적인 결과를 초래할 수 있다.

벼랑 끝 전략의 효과가 상실되고 있음에도 북한이 동일한 전략을 반복하고 있는 것은 외교 전략에 있어 매우 예외적인 행태임에 틀림없다. 그러나 문제는 북한의 이러한 반복적인 행태가 지속될 경우 협상 참가자 모두 위기를 제대로 인식하지도 못한 채 통제할 수 없는 극단적인 위기상황으로 이끌려 갈 수 있다는 사실이다. 북한의 벼랑 끝 전략은 양치기 소년의 우화처럼 위험에 대한 내성을 키워주는 불안한 전략인 것이다.

미주

1) 서보혁(2003), p.160.
2) 척 다운스, 송승종 역(1999), p.343
3) 김근식, "북한발전전략의 형성과 변화에 관한 연구: 1950년대와 1990년대를 중심으로", 서울대학교 박사학위 논문, 1999, p.205.
4) 서훈(2008), pp.68－69.
5) 김용현, "선군정치와 김정일 국방위원장 체제의 정치변화", 『현대북한연구』 제8권 3호(북한대학원대학교, 2005), pp.130－131.
6) 최용환(2002), pp.125－128.
7) 김동욱·박용한(2020), p.88.
8) 송종환(2007), p.77.
9) 김용현, "북한 군대의 사회적 역할에 관한 다중적 동태분석(1948－2012)", 한국연구재단(NRF) 보고서, 2014, pp.12－13.
10) 와다 하루키, 서동만·남기정 역, 『북조선: 유격대 국가에서 정규군 국가로』(서울: 돌베개, 2002), p.297.
11) 김용현, "북한 군사국가화의 기원에 관한 연구", 『한국정치학회보』 제37집 제1호(한국정치학회, 2003), p.188.
12) 서훈(2008), p.67.
13) 『로동신문』, 1968년 2월 9일.
14) 미치시타 나루시게, 이원경 역(2014), p.144.
15) 정창현(1999), p.202.
16) 돈 오버도퍼, 이종길 역(2002), p.415.
17) 『로동신문』, 1993년 11월 4일.
18) '8월 종파사건'은 1956년 8월 말 로동당 중앙위 전원회의에서 연안계인 최창익, 윤공흠, 박창옥 등을 중심으로 소련계인 김일성대학 부총장 김승화 등이 연계하여 김일성의 개인우상화 등 정치노선과 중공업우선주의 경제정책을 비판하며 김일성의 권력에 도전하였으나 실패함으로써 김일성의 권력독점을 공공하게 한 북한 내 정치적 권력투쟁 사건이었다.

19) 와다 하루키, 남기정 역, 『북한 현대사』 (서울: 창비, 2014), pp.141－142.
20) 이영훈, “북한의 경제성장 및 축적체제에 관한 연구(1956－64년)”, 고려대학교 박사학위 논문, 2000, pp.62－76.
21) 『김일성 저작집 15』 (평양: 조선로동당 출판사, 1981), pp.424－426.
22) 서동만, 『북조선 사회주의 체제성립사: 1945－1961』 (서울: 선인, 2005), p.843.
23) 이재춘, 『베트남과 북한의 개혁·개방』 (서울: 경인문화사, 2014), pp.209－211.
24) 통계청, 『2005 남북한 경제사회상 비교』, https://kosis.kr/bukhan/nsoPblictn/selectNkStatsIdct.do(검색일: 2022.2.16.)
25) 임수호, 『계획과 시장의 공존』 (서울: 삼성경제연구소, 2008), pp.93－98.
26) 윤대규(2008), p.104.
27) 김동욱·박용한(2020), p.296.
28) 김성배(2012), pp.226－227.
29) 김성배, “2013년 북한의 전략적 선택과 동아시아 국제정치: 병진노선과 신형대국관계를 중심으로”, 『평화연구』 21권 2호(고려대 평화민주주의연구소, 2013), pp.205－206.
30) 정세진, 『시장과 네트워크로 읽는 북한의 변화』 (경기도 파주: 이담Books, 2017), pp.79－83.
31) 코트라, 『북한대외무역동향』, https://www.kotra.or.kr/unitySearch.do?collection=ALL& query 2015－2020(검색일: 2022.5.25.)
32) 척 다운스, 송승종 역(1999), pp.69－70.
33) 조이 제독의 북한 협상에 대한 자세한 분석은 C.Turner Joy, How Communists Nego tiate(New York: The Macmilian Company, 1955) 참고
34) 스코트 스나이더, 안진환·이재봉 역(2003), p.131.
35) 김용호(2004), pp.28－29.
36) 서동만(2005), p.845.
37) 미치시타 나루시게, 이원경 역(2014), pp.84－85.
38) 『김일성 저작집 18』 (평양: 조선로동당출판사, 1982), p.257.
39) 미치시타 나루시게, 이원경 역(2014), pp.382－383.
40) 스코트 스나이더, 안진환·이재봉 역(2003), p.129.
41) 미치시타 나루시게, 이원경 역(2014), p.387.
42) 임동원(2008), p.664.
43) 서훈(2008), p.105.
44) 서보혁(2003), p.159.

45) 윌리엄 파운드스톤, 박우석 역(2004), pp.310－311.
46) 이신재(2015), p.136.
47) 국방부 군사편찬연구소(2012), p.29－308.
48) 스코트 스나이더, 안진환·이재봉 역(2003), p.128.
49) 후나바시 요이치, 오정환 역(2007), pp.167－168.
50) 척 다운스, 송승종 역(1999), p.362.
51) 미치시타 나루시게, 이원경 역(2014), p.370.
52) 서동만(2005), p.845.
53) 미첼 러너, 김동욱 역(2011), pp.196－199.
54) 『로동신문』, 1968년 12월 24일.
55) 미치시타 나루시게, 이원경 역(2014), pp.172－173.
56) 임수호(2007), p.118.
57) 홍용표, 『김정일 정권의 안보딜레마와 대미·대남정책』(서울: 민족통일연구원, 1997), p.11.
58) 최용환(2002), p.219.
59) 척 다운스, 송승종 역(1999). pp.402－403.
60) 북한은 1차 북핵 위기 시 NPT 탈퇴 선언 2주 만에 미국에 협상을 제의하였고, 몇 개월 후에는 일괄타결안을 제안하며 협상을 요구하였다. 협상이 결렬될 위기에 처하자 카터의 방북을 수락하여 협상을 재개하였다. 2차 북핵 위기 시에는 미국이 직접협상을 거부하자 전략을 수정하여 중국이 주재하는 6자회담에 참여하였다.
61) 홍현익(2018), p.119.
62) 척 다운스, 송승종 역,(1999), pp.202－203.
63) 미치시타 나루시게, 이원경 역(2014), pp.74－75.
64) 미첼 러너, 김동욱 역(2011), p.318.
65) 당시 한국군의 독자적인 보복계획은 박대통령의 지시에 따라 박희도 장군이 지휘하던 공수1여단 장병 64명이 참여하여 실행되었으며 미군과의 사전협의는 이루어지지 않았다.
66) 이용준(2018), p.107.
67) 돈 오버도퍼, 이종길 역(2002), p.463.
68) 홍현익(2018), pp.51－53.
69) 최용환(2002), p.60.
70) 척 다운스, 송승종 역(1999), p.343.

71) 척 다운스, 송승종 역(1999), pp.343–344.
72) 미치시타 나루시게, 이원경 역(2014), pp.388–389.
73) 국방부 군사편찬연구소(2012), pp.214–224.
74) 미치시타 나루시게, 이원경 역(2014), pp.169–170.
75) 국방부 군사편찬연구소(2012), p.324.
76) 국방부 군사편찬연구소(2012), pp.329–330.
77) 미치시타 나루시게, 이원경 역(2014), p.375.
78) 국방부, 『국방백서 2000』(서울: 국방부, 2000), p.201; 북한은 공식적인 군사비 규모를 1991년(20.8억 달러), 1992년(21억 달러), 1993년(21.5억 달러), 1994년(21.9억 달러), 1995년(미발표), 1996년(미발표), 1997년(미발표), 1998년(13.3억 달러), 1999년(13.5억 달러), 2000년(13.6억 달러)라고 발표하였다.
79) 김보영, 『전쟁과 휴전: 휴전회담 기록으로 읽는 한국전쟁』(서울: 한양대학교 출판부, 2016), p.31.
80) 박태균(2005), pp.253–254.
81) 척 다운스, 송승종 역(1999), pp.69–70.
82) Mathew B. Ridge, The Korean War(Garden City, N.Y.: Doubleday and Com pany, 1967), p.198; 척 다운스, 송승종 역(1999), p.69.에서 재인용
83) 척 다운스, 송승종 역(1999), pp.75–76.
84) 척 다운스, 송승종 역(1999), p.108, 112.
85) 조이 제독의 북한 협상에 대한 자세한 분석은 C.Turner Joy, How Communists Nego tiate(New York: The Macmilian Company, 1955) 참고
86) 스코트 스나이더, 안진환·이재봉 역(2003), pp.37–39.
87) 이신재(2015), p.104.
88) 『로동신문』, 1968년 2월 9일.
89) 이신재(2015), pp.246–247.
90) 돈 오버도퍼, 이종길 역(2002), pp.450–451.
91) 스코트 스나이더, 안진환·이재봉 역(2003), p.136.
92) 이용준(2018), p.180.
93) 서보혁(2003), pp.181–182
94) 이용준(2018), p.179.
95) 스코트 스나이더, 안진환·이재봉 역(2003), p.134; 척 다운스, 송승종 역(1999), pp.362–363.
96) 척 다운스, 송승종 역(1999), p.365.

97) 스코트 스나이더, 안진환·이재봉 역(2003), p.147.

98) 돈 오버도퍼, 이종길 역(2002), pp.450-451.

김정은 시대 북한의 벼랑 끝 전략

제6장

김정은 시대 벼랑 끝 전략 전망

|제6장|

김정은 시대 벼랑 끝 전략 전망

1. 핵동결 협상

북한은 2005년 2월 10일 외무성 성명을 통해 “자위를 위한 핵무기”를 제조하여 핵무기 보유국이 되었다고 발표하였다. 이는 미국에게 북한을 핵보유국으로 인정해 줄 것을 공개적으로 요구한 것이었다. 핵개발을 무기로 한 벼랑 끝 전략으로 미국과의 협상에서 많은 것을 얻어낸 북한의 입장에서 실질적인 핵무기 보유는 새로운 벼랑 끝 전략을 시도할 수 있는 중요한 수단을 확보한 것이었다.

반면 미국은 북한의 핵보유 선언을 벼랑 끝 전략을 시도하기 위한 익숙한 위협의 하나로 치부하고 별다른 대응 없이 무시로 일관했다. 북한을 핵보유국으로 인정하지 않겠다는 것이 북한을 상대하는 미국 부시 행정부의 기본 전략이었던 것이다.

북한은 미국의 반응과는 상관없이 핵실험 의지를 발표하였으며 '9.19 공동성명'이 채택된 지 1년여 만인 2006년 10월 9일 북한 최초로 지하 핵실험을 단행하였다. 북한 외무성은 핵실험 이틀 후인 11일 성명을 통해 핵실험을 실시하였음을 공개적으로 인정하였다. 북한은 미국이 자신들의 위협을 무시하지 못하도록 공개적인 핵실험을 실시하며 위기상황을 증폭시켰다. 미국의 반응을 끌어내기 위해 북한은 핵실험이라는 위험한 선택을 강행한 것이다

결국 미국은 북한이 의도한 대로 무시정책을 철회하고 북한과의 협상을 적극적으로 추진하였다. 그동안 북한과의 양자회담을 거부하던 미국은 2007년 1월 베를린에서 북한과 양자 간 직접 협상을 개최하였다. 이 회담에서 미국은 북한이 요구하는 사항을 대부분 수용하였고 이러한 미국의 태도변화는 2007년 2월 13일 '2.13 합의'라고 알려진 '9.19 공동성명 이행을 위한 초기단계 조치' 합의로 이어졌다. 이 합의로 북한은 중유 5만 톤을 긴급 지원받게 되었다.

이어 2007년 7월 6자회담이 재개되어 '9.19 공동성명 이행을 위한 2단계 조치'가 논의되었다. 논의의 결과 2007년 10월 3일 '10.3 합의'라고 불리는 합의 결과가 발표되었다. 북한은 2007년 12월 31일까지 핵시설 불능화와 핵 프로그램 신고를 완료하는 대신 회담 당사국들은 북한에 중유 100만 톤을 지원하고 미국은 북한의 '테러지원국 지정 해제'와 '대통상법 적용 종료'에 합의하였다.

그러나 북한과 미국은 합의사항 이행에 대해 전혀 다르게 해석함으로써 두 합의는 제대로 이행되지 않았다. 대신 북한은 핵무기 개발을 위한 시간을 확보하게 되었다. 북한은 핵실험을 강행하여 미국을 다시 협상장으로 끌어들여 유리한 합의를 이끌어 낸 것은 물론 핵실험이라는 새로운 벼랑 끝 전략의 수단을 확보하게 되었다.

북한은 2009년 5월 2차 핵실험을 감행하였으며, 2013년 2월에는 3차 핵실험을 실시한 후 핵무기의 소형화와 경량화에 성공했다고 발표했다. 김정

은은 3차 핵실험 이후 2013년 3월 31일 개최된 로동당 중앙위 전체회의에서 '경제·핵 무력 병진노선'을 채택하여 핵무기 개발이 완성단계에 와 있음을 과시하였다. 북한은 대북제재에 아랑곳하지 않고 2016년 1월 4차 핵실험을 실시한 데 이어 2016년 9월에는 5차 핵실험을 실시하였다.

핵실험 이후 달라진 미국의 태도변화를 확인한 북한은 국제사회의 압력에도 불구하고 핵실험을 이어갔다. 당시 미국의 오바마 행정부는 '전략적 인내(Strategic Patience)' 정책에 따라 북한의 핵실험을 사실상 묵인하였다.[1)]

미국의 방관 속에 북한은 핵개발에 박차를 가하여 2017년 9월 3일 이전의 핵실험과는 비교가 되지 않을 정도의 폭발력을 가진 핵실험에 성공하였다. 북한의 6차 핵실험은 기존의 원자폭탄에 비해 10배 이상의 파괴력을 가진 것으로 추정되었다. 북한은 조선중앙 TV 보도를 통해 "ICBM 장착용 수소탄 시험을 성공적으로 단행했다."고 발표했다. 수소폭탄은 원리상 원자폭탄의 폭발력을 기폭장치로 이용해 핵융합을 일으키도록 설계되는 폭탄인 만큼 수소폭탄 실험의 성공은 원자폭탄의 소형화가 이미 완성되었다는 것을 의미한다.

북한은 6차 핵실험 2개월 후인 2017년 11월 29일 미국을 사정권으로 하는 사거리 1만 3,000km의 ICBM(대륙간 탄도미사일)급 장거리 미사일인 화성 15호를 발사한 후 정부성명을 통해 "국가 핵 무력 완성"을 선언함으로써 북한이 핵보유국이 되었음을 공개적으로 발표했다.[2)] 북한이 핵보유국으로서 미국과 동등한 입장에서 핵감축을 논의하겠다는 강력한 의지를 표명한 것이다.

핵보유를 선언한 김정은은 2018년 4월 20일 노동당 중앙위원회 전원회의에서 돌연 핵실험과 ICBM 시험발사 중단을 선언했다. 김정은의 선언은 여섯 차례의 핵실험으로 더 이상의 핵실험은 필요하지 않다는 판단과 미국을 자극하지 않겠다는 정치적 의도가 깔린 것이었다.[3)]

김정은의 발표와 관련하여 2016년 한국으로 망명한 태영호 전 영국주재 북한공사는 2017년 5월 평양에서 개최된 '제44차 대사회의'에서 북한의 리용호 외무상이 "2018년 초부터는 조선도 핵보유국의 지위를 공고화하는 평화적 환경조성에 들어가야 한다."고 강조했다고 증언했다.[4] 북한이 2017년을 핵무기 완성의 해로 상정하고 있었음을 알 수 있다.

북한의 핵보유 여부와 관련하여 2018년 10월 조명균 통일부 장관은 국회 대정부 질의에서 "북한이 이미 20개에서 최대 60개의 핵탄두를 보유하고 있는 것으로 추정된다"고 답변함으로써 한국정부도 북한을 실질적인 핵무기 보유국가로 판단하고 있음을 인정했다. 북한의 핵개발을 저지하기 위한 미국과 국제사회의 노력은 모두 실패하고 북한은 핵무기 보유국가가 된 것이다.

핵무기 보유국이 된 북한은 미국으로부터 핵보유국 지위를 인정받고 평화협정을 체결하여 체제의 안전을 보장 받고자 하고 있다.[5] 또한, 핵보유국으로서 미국과 동등한 위치에서 핵 감축을 무기로 '치킨게임'을 시도할 수 있다. 핵시설 폐기나 핵개발 프로그램 중단 등은 더이상 논의의 대상이 아니며 핵무기의 완전한 폐기는 사실상 불가능해졌다.

북한은 2021년 평양에서 개최된 제8차 당 대회에서 책임적인 핵보유국임을 강조하고 핵무기는 적대세력의 공격으로부터 보호받기 위한 자위적 수단임을 강조하며 핵무기 보유의 정당성을 강조하였다.[6] 또한 김정은은 2022년 4월 25일 김일성광장에서 개최된 북한군 창건 90주년 열병식 연설에서 "우리의 핵이 전쟁 방지라는 하나의 사명에만 속박돼 있을 순 없다."며 자위적 목적만이 아닌 공격용으로도 핵무기를 사용할 수 있음을 시사하고 "핵 무력을 더욱 강화 발전시키기 위한 조치들을 계속 취해나갈 것"이라고 주장했다.[7] 북한이 핵무기 개발과 보유를 지속할 것임을 공개적으로 밝힌 것이다.

북한의 벼랑 끝 전략이 핵개발이 아닌 핵무기를 수단으로 삼을 경우 북한의 대미 전략은 기존의 벼랑 끝 전략과는 전혀 다른 양상으로 전개된다. 핵무기를 보유한 북한과의 협상에서 미국이 선택할 수 있는 방안은 매우 제한적일 수밖에 없다. 과거 쿠바미사일 위기 시에 미국은 핵전쟁의 위협을 피하기 위해 터키에 배치된 핵미사일의 철수와 쿠바 불가침이라는 보상을 제안했다. 핵보유국 북한을 상대로 미국이 강력한 대응책을 구사하는 것은 사실상 불가능하다. 그동안의 미·북 간 협상 사례를 볼 때 미국은 핵 포기에 상응하는 적절한 보상을 제안할 가능성이 높다.

미국은 북한의 핵무기 보유가 기정사실화 한 상황에서 미국이 직접적인 위협을 받지 않는다면 북한의 핵무기 보유를 묵인할 수도 있다. 북한은 자신들의 핵이 체제안전 보장을 위한 것임을 주장하고 장거리 미사일 발사는 자제함으로써 미국에게 핵동결 협상에 임할 수 있는 명분을 제공할 가능성이 높다. 김정은이 발표한 핵실험 중단과 ICBM 시험발사 중지 선언은 이러한 북한의 전략적 판단의 결과라고 하겠다.

북한이 핵무기를 수단으로 벼랑 끝 전략을 시도할 경우 미국은 북한의 핵시설 폭격과 같은 군사적 대응은 더 이상 고려할 수 없게 된다. 북한의 핵공격을 선제 타격으로 모두 제압하기는 사실상 불가능하다. 또한, 재래식 무기와는 달리 엄청난 파괴력을 가진 핵무기는 완전한 제거가 불가능할 경우 치명적인 핵 보복을 감수해야하기 때문에 선제공격을 가하는 것은 파멸적인 결과로 이어지게 된다. 미국은 적절한 압박과 보상을 통해 핵 위기를 해소하는 것을 최선이라 판단할 수 있다.

북한은 핵무기를 활용한 벼랑 끝 전략으로 핵 동결 협상을 추진하는 한편 핵 동결을 대가로 체제의 안전보장과 경제적 보상을 요구할 가능성이 높다. 2021년 1월 8차 당 대회에서 핵보유국으로서의 역할을 재차 강조한 것은 핵보유국 지위를 공개적으로 인정받고 향후 미국과의 협상에서 '핵 군축'을 주장하기 위한 포석이라고 해석할 수 있다.[8]

북한은 핵군축 협상을 통해 핵동결을 주장할 것으로 예측된다. 핵 동결은 지금까지 북한이 개발하여 보유하고 있는 핵탄두는 그대로 유지한 채 그동안 핵개발을 추진해 왔던 관련시설 등을 폐쇄하는 수준에 그치는 것이다. 2019년 2월 베트남 하노이에서 열린 미국 트럼프 대통령과 북한 김정은 위원장의 정상회담에서 북한이 제안한 영변 핵시설 폐쇄는 북한이 핵무기 보유국의 지위는 유지하면서 추가적인 핵개발은 중지하겠다는 의도를 보여준 것이었다.

북한의 핵군축 협상전략은 북한에게 가장 유리한 결과를 보장하게 된다. 핵동결 협상으로 기존의 핵탄두 보유는 인정받으면서 체제안전 보장과 경제적 보상을 획득하게 되는 것이다. 핵보유국으로 인정받는다는 것은 언제든지 사용할 수 있는 유용한 카드를 가지게 된다는 것을 의미한다. 이러한 협상이 이루어질 경우 한국은 미·북 간의 핵협상에서는 배제된 채 협상의 결과로 발생하는 보상비용을 고스란히 떠안으면서도 핵위협에 그대로 노출되는 최악의 사태를 맞이하게 되는 것이다.

2. 미사일 발사

북한은 핵개발과 병행하여 미사일 개발을 지속적으로 추진해 왔다. 핵탄두를 운반하는 발사체로서 미사일 개발은 핵개발과 함께 북한이 사용하는 벼랑 끝 전략의 주요한 수단으로 자리 잡고 있다.

북한은 그동안 미국과의 협상에서 핵과 미사일 개발을 병행하면서 미국을 위협하는 '악명유지전략'을 구사해 왔다.[9] 핵개발 완료를 선언하고 더 이상의 핵개발을 하지 않겠다는 김정은의 발언은 앞으로 북한은 핵탄두를 운반할 발사체인 미사일 개발에 집중하겠다는 것으로 해석할 수 있다. 향후 북한은 미사일 발사를 벼랑 끝 전략을 시도하는 핵심적인 수단으로 사용하겠다는 것이다.

북한의 미사일 개발에 대한 관심은 국방에서의 자위를 강조하던 1960년대 초반부터 시작된 것으로 알려져 있다. 쿠바 사태당시 소련의 대응에 위기감을 느낀 김일성은 핵개발과 함께 핵탄두 운반체인 미사일 개발에 주력하였다. 북한은 소련과 중국의 도움으로 사거리 100km 이하의 단거리 미사일 기술을 축적하였으며 1980년대 초반 이집트에서 구 소련제 스커드-B미

사일을 도입하면서 본격적으로 중거리 미사일 개발을 추진하였다.[10)]

1984년 스커드-B미사일을 복제하여 생산한 화성-5호를 시작으로 1986년 사거리 500km의 화성-6, 1993년 사거리 1,300km의 화성-7(노동미사일)을 개발하여 실전 배치 완료하였고, 1990년대 말부터 중장거리 미사일 개발에 주력하여 1998년 사거리 1,500~2,000km인 대포동 1호, 2000년에는 스커드 미사일 개량형인 사거리 700km의 스커드-ER, 2006년에는 사거리 3,500~6,000km인 대포동 2호(은하-1) 미사일을 개발하였다. 북한은 대포동 2호를 개조하여 은하-2, 은하-3 등으로 명명한 후 우주 위성로켓이라며 시험 발사를 지속했다.

2016년에는 사거리 2,000~3,500km인 잠수함 발사미사일(SLBM) 북극성-1, 2017년 2월에는 북극성-1을 지상용으로 개조한 북극성-2, 2017년 5월에는 사거리 5,000km인 화성-12를 개발하여 일본상공으로 발사했다. 사거리가 5,000km에 달하는 화성-12는 괌에 있는 미군 기지도 공격할 수 있는 미사일이었다.

이후에도 북한은 사거리 1만km인 ICBM(대륙간 탄도미사일)급 화성-14와 사거리 1만 3,000km인 화성-15 발사에 성공하였다. 북한은 미국전역을 공격할 수 있는 ICBM급 미사일을 보유하게 된 것이다.[11)] 북한은 화성 15호 발사 후 국가 핵 무력 완성을 선언하고 ICBM급 미사일 발사 시험도 중단하겠다고 발표했다.

이후 북한은 2020년 10월 10일 로동당 창건 75주년 열병식에서 화성-15호를 능가하는 크기의 미사일인 화성-17호를 공개하였다.[12)] 또한, 2022년 4월 25일 김일성광장에서 개최된 북한군 창건 90주년 열병식에서는 사거리와 탄두 중량을 확장한 신형 SLBM, 극초음속 미사일인 '화성-8형', 북한판 이스칸데르 개량형 미사일인 KN-23 등 전술핵 운용이 가능한 미사일과 ICBM급 화성-17형 미사일을 등장시켜 자신들이 보유한 미사일 능력을 대내외에 과시하였다.[13)]

북한의 미사일 공개는 한국은 물론 미국전역을 타격할 수 있는 능력을 보유하고 있음을 보여줌으로써 미국에 대한 협상력을 높이기 위한 것으로 분석된다.

북한이 미사일 시험을 계속하자 미국은 북한의 미사일 개발과 기술 수출을 통제하기 위한 북·미 미사일 협상을 추진했다. 클린턴 행정부 당시 미국은 1996년 4월부터 2000년 11월까지 총 6회에 걸쳐 북한과 미사일 협상을 추진하였다.[14] 핵개발과 마찬가지로 북한은 미사일을 무기로 미국과 직접협상을 진행한 것이다.

북한은 미국과의 협상을 통해 미사일 수출 중단으로 발생하는 경제적 손실에 대한 보상을 요구하였다. 북한의 미사일 수출과 관련하여 김정일은 2000년 8월 12일 한국 언론사 사장단을 만난 자리에서 로켓 연구로 몇억 달러를 벌고 있으며 수리남과 이란에 로켓을 팔고 있다고 언급했다.[15] 미사일 수출로 상당한 수익을 얻고 있음을 시인한 것이다.

북한은 3차 북·미 미사일 협상(1998.10)에서 미사일 수출 포기 대가로 3년간 매년 10억 달러를 보상해 줄 것을 요구하였다. 1990년대 초반에는 이스라엘이 북한 측에 중동 국가들에 대한 미사일 수출 중단을 요구하며 3~10억 달러를 제안한 것으로 알려져 있다. 북한의 중동국가 미사일 수출에 위협을 느끼고 있던 이스라엘은 1992년 10월 외무부 차관을 방북시켜 미사일 수출 중단 대가로 3억 달러에 운산금광을 매입하는 방안을 제안하고 협상을 진행하였으나 1993년 3월 북한이 NPT를 탈퇴하자 미국의 압력으로 협상이 중단되었다.[16]

이후에도 이스라엘은 북한과 미사일 수출 중단과 보상을 교환하는 방안을 협의한 것으로 알려져 있다. 북한은 핵개발을 포기하는 대가로 보상을 요구한 것처럼 미사일 개발을 포기하는 대가로 상당한 보상을 요구하고 있다. 미국과의 협상에서도 핵개발과 미사일 개발을 동등한 카드로 사용하고 있는 것이다.

한편 북한은 미사일 개발이 자주권에 속하는 문제이기 때문에 협상의 대상은 될 수 없다며 단호한 태도를 유지하고 있다. 북한의 이러한 태도는

2005년 9월 미국 재무부가 마카오 소재 은행인 방코 델타 아시아(BDA)의 북한 계좌를 동결하자 2006년 미국 독립기념일인 7월 4일 스커드, 노동, 대포동 미사일 7발을 연이어 발사하여 위기를 고조시킨 사실에서도 확인할 수 있다.

북한 외무성은 미사일 발사 후 “자위적 억제력 강화를 위해 미사일 발사 훈련을 계속하겠다.”고 발표하였다.[17] NPT 가입과 IAEA사찰 등 핵개발에 대한 엄격한 국제적인 제재와는 달리 MTCR(Missile Technology Control Regime: 미사일 기술통제 체제) 이외에는 별다른 제약을 받지 않는 미사일 개발은 북한이 구사할 수 있는 벼랑 끝 전략의 유용한 수단이다.

북한은 김정은 시대 들어와 핵개발과 미사일 개발을 공개적으로 병행하여 추진하고 있다.[18] 그동안 은밀하게 추진해 오던 핵개발 전략을 바꾸어 2006년 10월부터 2017년 9월까지 10여 년에 걸쳐 지속적으로 핵실험을 단행하였다.

이와 병행하여 핵탄두 운반체인 미사일 개발을 추진하여 6차 핵실험 성공 후 2개월 만인 2017년 11월 ICBM급 미사일을 발사하고 핵 무력 완성을 선포하였다. 북한은 2017년 9월 6차 핵실험을 통해 핵탄두의 소형화와 경량화를 실현하였으며 핵탄두를 탑재할 수 있는 미사일 개발도 완료하였다. 핵탄두를 탑재할 수 있는 미사일 개발의 완료는 핵무기의 실전배치가 언제든지 가능하다는 것을 의미한다.

북한은 2022년 1월에만 7차례에 걸쳐 미사일을 발사했다. 이 중 두 차례는 요격이 불가능한 극초음속 미사일이라고 스스로 발표하여 자신들의 미사일 능력을 과시하였다. 4차례의 미사일을 발사한 직후인 2022년 1월 19일 김정은은 지난 2018년 4월 자신이 선언했던 ‘핵실험과 ICBM 시험발사 중단’ 철회를 시사하고 추가적인 미사일 발사를 지속하고 있다. 이러한 북한의 행태는 북한이 미사일 발사를 수단으로 벼랑 끝 전략을 다시 구사하고 있는 것으로 해석할 수 있다.

표 6-1 북한 보유 미사일 제원과 타격 가능지역

구 분	사거리(km)	탄두 중량(kg)	타격가능 지역
화성-5 (스커드-B)	300	1,000	서울, 대전 이북
화성-6 (스커드-C)	500	800	한반도 전역
화성-7 (노동)	1,300	800	일본 전역
화성-9 (스커드-ER)	1,000	500	일본내 미군기지
대포동 1호 (백두산1)	2,000	위성(광명성)탑재	근동 미군기지
화성-10 (무수단)	4,000	650	괌, 태평양상 미군기지
북극성-1 (SLBM)	3,500	650	
북극성-2 (IRBM)	3,500	650	
화성-12 (IRBM)	5,000	650	알래스카
화성-14 (ICBM)	10,000	핵탄두	미국 서부
화성-15 (ICBM)	13,000	핵탄두	미국 전역
화성-17 (ICBM)	15,000	다탄두	미국 전역

출처: 박지웅 "북한의 미사일 개발전략 변화 연구: 과정과 요인을 중심으로", 북한대학원대학교석사학위 논문, 2021, pp.80－81; 이용준, 『북핵 30년의 허상과 진실: 한반도 핵 게임의 종말』 (경기도 파주: 한울아카데미, 2018), p.316을 참고하여 저자가 재정리

북한이 2022년 1월 이후 최근까지 실시한 미사일 발사는 이전의 미사일 발사와는 다른 특징을 보여주었다. 지속적으로 사거리를 늘려가던 예전과는 달리 발사된 미사일 대부분이 사정거리가 길지 않은 미사일이었다. 이러한 행태는 한국과 일본을 위협할 수 있는 정도의 중·단거리 미사일을 발사하여 긴장을 고조시키면서도 위기의 범위는 한반도에 국한된 제한적인 상황으로 조절하고 있는 것으로 보인다.

미국을 직접적으로 자극할 수 있는 ICBM급 미사일 발사는 자제함으로써 자신들이 통제할 수 있는 수준의 위기상황을 만들고자 하는 것이다. 미사일을 발사하여 미국의 관심을 유도하지만 심각한 위기상황은 만들지는 않겠다는 전략적 의도를 엿볼 수 있다. 북한이 2022년 5월 25일 바이든 미 대통령의 한국과 일본 순방이 끝난 후에야 세 발의 미사일을 발사한 것은 이러한 북한의 의도를 보여주는 것이라 하겠다.

한국을 겨냥한 중·단거리 미사일 발사는 재래식 전력의 열세를 핵무기로 극복한 북한이 군사적 우위를 바탕으로 한국을 위협할 수 있음을 보여주는 것이다. 특히, 현재의 미사일 방어 수단으로는 사실상 요격이 불가능한 극초음속 미사일을 연달아 발사한 것은 북한이 한국을 볼모로 미국과 벼랑 끝 전략을 시도할 수 있음을 과시한 것이다.

2022년에 들어서자마자 연달아 이루어지고 있는 북한의 미사일 발사는 김정은 시대 북한이 벼랑 끝 전략의 수단으로 미사일 발사를 선택했음을 보여주는 것이라고 해석할 수 있다. 핵무기의 소형화와 경량화에 성공하여 핵 무력 완성을 공개적으로 선언한 북한 김정은의 입장에서 핵탄두 운반이 가능한 미사일을 연속적으로 발사하여 위기상황을 조성하고 미국과의 협상을 모색하는 것은 현 상황에서 북한이 시도할 수 있는 가장 효과적이며 치명적인 벼랑 끝 전략이라 하겠다.

미주

1) 이용준(2018), p.281.
2) 『통일뉴스』, http://www.tongilnews.com/news/articleView.html?idxno=123122 (검색일: 2022.2.18.)
3) 곽길섭, 『김정은 대해부: 그가 꿈꾸는 권력과 미래에 대한 심층고찰』(서울: 선인, 2019), p.204.
4) 태영호, 『3층 서기실의 암호』(서울: 기파랑, 2018), p.403.
5) 김성배(2013), p.193.
6) 박형준, "조선노동당 제8차 대회를 통해 본 북한의 대외정책: 대외관계사업총화보고를 중심으로", 『북한학연구』 17권 1호(동국대 북한학연구소, 2021), p.2
7) 『동아일보』, https://www.donga.com/news/article/all/20220426/113090891/1(검색일: 2022.5.17.)
8) 박형준(2021), pp.9-10.
9) 박찬휘·한순구(2006), pp.175-179.
10) 박지웅, "북한의 미사일 개발 전략 변화 연구: 과정과 요인을 중심으로", 북한대학원대학교 석사학위 논문, 2021, pp.42-44.
11) 이용준(2018), pp.314-315.
12) 박지웅(2021), pp.81-82.
13) 『동아일보』, https://www.donga.com/news/article/all/20220426/113090891/1(검색일: 2022.5.17.)
14) 최용환(2002), p.225.
15) 『NKchosun』, http://nk.chosun.com/news/articleView.html?idxno=6543(검색일: 2022.2.19.)
16) 박종철, 『북·미 미사일 협상과 한국의 대책』(서울: 통일연구원, 2001), p.53.
17) 미치시타 나루시게, 이원경 역(2014), p.342.
18) 박지웅(2021), p.106.

제7장

결 론

|제7장|

결 론

북한의 벼랑 끝 전략은 북한 대외전략의 상징으로 인식되어 왔다. 반면 벼랑 끝 전략 자체에 대한 연구나 분석은 제대로 이루어지지 않음으로써 벼랑 끝 전략은 상식의 범주에서 언급되고 있는 실정이다.

본 장은 그동안 간과되어 온 벼랑 끝 전략 자체에 대한 분석을 시도하였다. 냉전 시기를 전후하여 북한이 시도한 벼랑 끝 전략 사례를 분석하여 벼랑 끝 전략에 대한 개념을 정립하고 전략적 효과를 평가하는 한편 벼랑 끝 전략이 내포하고 있는 속성과 특징을 도출하였다. 북한의 벼랑 끝 전략이 가지고 있는 속성과 특징은 대체적으로 다음과 같이 세 가지로 정리할 수 있다.

첫째, 북한의 벼랑 끝 전략은 비합리성을 가장한 합리적인 전략임을 확인하였다. 비합리성의 합리성은 북한이 구사하는 전략의 가장 큰 특징이라 하겠다.[1] 북한은 자신들에게 각인된 무모하거나 비합리적이라는 이미지를 역으로 활용하여 상대방을 위협하는 전략을 구사하였다. 북한은 낮은 단계의 위기에서 시작하여 점차 위기를 확대하는 방식으로 벼랑 끝 전략을 구사하였으며, 상대방의 강력한 맞대응으로 감내하기 힘든 정도의 위기가 발생하면 유연하게 전략을 수정하는 방식으로 대응하였다. 벼랑 끝 전략은 무모하거나 비합리적인 전략이 아니라 철저한 계획과 판단 아래 진행되는 합리적인 전략이라 하겠다.

둘째, 북한이 구사하는 벼랑 끝 전략의 목표가 공세적인 성격에서 체제생존을 위한 수세적인 목표로 변화하고 있다. 냉전시기 체제에 대한 자신감과 군사력을 바탕으로 시도된 벼랑 끝 전략은 미국에 대한 자신감을 회복하고 북한체제의 우월성을 주민들에게 과시하기 위한 공세적인 성격이었다. 반면 냉전이후 체제붕괴의 위험에 직면한 북한은 군사력의 열세를 만회하기 위해 핵개발에 집중하면서 핵개발을 무기로 미국과의 협상을 통해 체제생존을 보장받는 것을 목표로 하였다. 1·2차 북핵 위기 당시 북한의 전략적 목표는 대미승리가 아니라 미국의 불가침 보장과 경제적 지원이었다. 핵무력 완성을 선언한 김정은도 하노이 북미정상회담에서 미국의 대북제재 완화를 목표로 하였다.

셋째, 북한의 벼랑 끝 전략은 미국과 한국의 맞대응으로 인한 역효과와 장기간 유사한 전략의 반복으로 실효성을 상실하고 있다. 외형상으로 볼 때 북한은 벼랑 끝 전략을 통해 미국으로부터 많은 것을 얻어내었으며 북한 스스로도 이러한 성과를 외교적 승리라고 선전하였다. 그러나 북한이 자랑하는 외교적 승리의 이면에는 미국과 한국의 연합방위체제가 강화되어 한미연합사가 창설되고, 한국에 대한 미국의 군사지원이 확대되어 한국의 군사력이 증대되는 계기를 만드는 등 역효과를 초래하였다.

또한, 유사한 형태의 벼랑 끝 전략을 반복함에 따라 미국은 북한의 전략을 무시하거나 강력하게 맞대응함으로써 북한의 전략적 의도를 무산시켰다. 벼랑 끝 전략은 더 이상 북한에게 이득을 안겨주는 황금알을 낳는 거위가 아닌 것이다.

그럼에도 불구하고 북한은 핵무기와 미사일 발사를 통한 벼랑 끝 전략을 지속할 것으로 예상된다. 강력한 1인 지배체제와 폐쇄적 경제구조는 북한이 벼랑 끝 전략을 지속할 수 있는 힘으로 작용하고 있다. 북한은 2022년에 들어서 수십 차례에 걸쳐 각종 미사일을 발사하는 것은 물론 자신들이 스스로 선언했던 핵실험과 미사일 발사 중단조치의 철회를 언급하기도 하였다. 이러한 북한의 태도는 앞으로도 벼랑 끝 전략을 지속하겠다는 의지를 공개적으로 표명한 것이라고 하겠다.

벼랑 끝 전략은 북한이 미국을 상대로 시도해 온 협상전략의 상징처럼 여겨져 왔다. 상대방에 대한 위협과 위기조성을 내용으로 하는 벼랑 끝 전략은 일종의 강압전략이며 배수진이나 치킨게임 등에 비유되기도 한다. 스스로 통제할 수 없는 위기상황의 조성이라는 점에서 벼랑 끝 전략은 무작정 돌진하는 치킨게임과 유사한 개념으로 볼 수도 있다.

북한의 대외전략을 분석하는 중요한 틀로 사용되어 온 벼랑 끝 전략의 개념과 성립조건 및 전략으로서의 효과에 대한 분석은 북한의 대외전략을 이해하기 위한 필수적인 과정이라고 하겠다. 벼랑 끝 전략에 대한 명확한 개념 정립이 이루어지지 않은 상태에서 저널리즘적 용어와 개념으로 북한의 전략을 피상적으로 분석하는 것은 북한의 의도를 오해하게 만드는 요인으로 작용할 수 있다.

벼랑 끝 전략은 '스스로도 통제할 수 없는 위기상황이 발생할 수 있음을 상대방에게 인식시켜 공포심을 자극하고 이러한 공포심을 통해 상대방에게 양보를 강요함으로써 자신이 원하는 이득을 획득하기 위한 전략'이라고 정의할 수 있다. 또한, 상대방의 공포심은 전쟁과 같은 위기상황을 조성함으로써 극대화할 수 있다.

군사적 위협과 양자 간 대결이라는 점에서 북한의 벼랑 끝 전략은 강압외교이론과 게임이론을 적용하여 분석할 수 있다. 군사력을 사용한 위기조성으로 상대를 압박하여 외교적 이득을 획득하고자 하는 국가들의 대외전략을 설명하기 위한 강압외교이론과 양자 간의 대립을 전제로 하는 게임이론은 벼랑 끝 전략을 사용하는 북한의 대외전략 분석에 적용 가능한 유용한 이론들이다.

특히, 게임이론에서 활용되는 ‘치킨게임 모델’과 ‘죄수의 딜레마 게임 모델’은 대립하는 국가들 간의 갈등 변수들을 단순화함으로써 미국을 상대로 한 북한의 협상전략을 분석하기 위한 이론적 배경을 제공해 준다.

치킨게임이 위기조성을 통해 상대의 양보를 강요하는 벼랑 끝 전략의 구조적 속성을 설명해주는 반면 죄수의 딜레마 게임은 상호불신을 전제로 대립하는 양자 간 협상과정을 설명해준다. 현실 국제정치에서는 다양한 변수들이 공존하는 만큼 북한의 전략을 분석하는 도구로서 게임모델을 적용하기 위해서는 북한이 처한 외교적 상황에 대한 정확한 분석이 필요하다고 하겠다.

북한이 미국을 상대로 벼랑 끝 전략을 시도한 대표적 사례로는 푸에블로호 나포, 판문점 도끼만행, 1·2차 북핵 위기를 꼽을 수 있다. 이러한 사례들에서 북한은 위기조성으로 미국과의 직접협상을 실현시킨 후 유리한 결과를 얻어내기 위해 벼랑 끝 전략을 적극적으로 시도하였다.

북한은 푸에블로호를 나포하여 휴전협상이후 처음으로 미국과의 직접협상을 실현시켰다. 협상과정에서 북한은 푸에블로호 승무원을 인질삼아 미국의 보복을 차단하고 미국으로부터 영해침범과 간첩행위에 대한 사과를 이끌어 내었다. 이러한 경험은 북한의 대미 협상전략의 새로운 틀을 형성하는 계기로 작용하였다.

반면 판문점 도끼만행사건은 북한의 벼랑 끝 전략이 제대로 작동하지 않은 사례였다. 북한의 기습공격으로 미군 장교 2명이 살해되는 예기치 않았던 상황이 발생하자 북한은 벼랑 끝 전략을 제대로 써보지도 못한 채 사태수습에 주력하였고, 급기야 김일성이 처음으로 미국에 유감을 표명하기도 하였다. 준비되지 않은 벼랑 끝 전략은 북한에게 커다란 실패를 안겨준 것이다.

1차 북핵 위기는 북한이 벼랑 끝 전략을 통해 가장 큰 성과를 거둔 사례였다. 북한은 핵개발을 무기로 한반도에 위기상황을 조성하여 ‘제네바 합의’라는 성과를 이루어내었다. 북한의 외교적 승리라고 평가되는 ‘제네바 합의’

는 핵을 무기로 한 벼랑 끝 전략이 얼마나 효과적인가를 보여주었다. 1차 북핵 위기 후 북한은 핵개발에 더욱 집착하게 되었으며 결국 핵 보유에 성공하였다.

2차 북핵 위기는 1차 북핵 위기의 경험을 그대로 재현하려 한 북한의 안이한 판단이 가져온 실패사례이다. 북한은 핵무기 보유를 선언하는 것은 물론 제3국에 핵 기술 제공을 언급하며 미국을 위협했으나 미국은 무시로 일관했다. 벼랑 끝 전략의 효과가 상실되기 시작한 것이다. 결국 북한은 미국에게 협상의 주도권을 빼앗기고 6자회담에 참여하였다. 동일한 행태를 반복한 북한의 전략이 철저히 외면당한 것이다.

북한이 냉전을 전후하여 미국을 상대로 벼랑 끝 전략을 시도한 사례들을 분석해 보면 벼랑 끝 전략이 북한에게 항상 유리한 결과를 보장한 것은 아니라는 것을 확인 할 수 있다. 북한의 벼랑 끝 전략은 푸에블로호 사건처럼 인질이 존재하거나 미국정부가 북한에 대해 유화 정책을 채택한 상황에서만 작동했다. 제대로 준비되지 않은 벼랑 끝 전략은 강력한 맞대응을 초래하여 북한에게 불리한 결과를 가져오기도 하였다.

김정은 시대 벼랑 끝 전략은 이전 시기의 극단적인 대립과는 다르게 전개되었다. 그동안 은밀하게 진행되어 오던 핵개발을 공개적으로 추진하여 미국의 관심을 유도하고 말싸움으로 긴장을 조성하면서도 위협적인 행동은 가급적 회피하였다. 북한은 핵 무력 완성을 선언한 이후 한국과 미국을 상대로 평화공세를 전개하여 최초로 북미정상회담을 성사시키기도 하였다. 그러나 경제발전을 위해 반드시 필요로 했던 대북제재 해제는 이끌어 내지 못함으로써 절반의 성공에 그치고 말았다.

벼랑 끝 전략은 어느 국가나 시도할 수 있는 전략이지만 북한처럼 국가 전체를 전쟁위기 상황으로 몰고 가거나 장기간에 걸쳐 유사한 전략을 반복적으로 시도한 사례는 찾아볼 수 없다.

북한이 벼랑 끝 전략을 지속할 수 있는 이유는 북한의 대내외적인 정치적·경제적 특수성에서 찾을 수 있다. 강력한 1인 지배와 군사국가체제라는 정치적 특수성과 폐쇄적인 자립경제라는 경제적 특수성과 함께 중국의 지원과 풍부한 대미협상 경험 등은 북한이 벼랑 끝 전략을 지속할 수 있는 힘으로 작용하고 있다.

북한이 국제사회에서 자신들의 이미지를 예측 불가능하고 폭력적인 집단으로 연출하고 있는 것은 벼랑 끝 전략의 효과를 확대시키기 위한 의도된 행동의 결과로 보인다. 또한, 낮은 수준의 위기상황을 조성하여 상대의 관심을 유도한 후 위기를 확대하여 협상의 주도권을 확보하는 단계적 위기 조성전략은 벼랑 끝 전략이 신중하게 선택된 전략임을 보여주고 있다.

상황 변화에 따라 협상 태도를 전환하는 유연한 전략 변화 또한 북한의 벼랑 끝 전략이 치밀하게 계산된 전략임을 확인시켜준다. 1차 북핵 위기 시 전쟁 직전의 상황에서 카터의 방북을 허용한 것은 북한의 유연한 전략 변화를 보여주는 대표적인 사례라 하겠다.

오랜 기간 북한을 상징하는 전략으로 인용되어 온 벼랑 끝 전략은 냉전을 전후하여 달라진 모습을 보여주고 있다. 냉전시기 북한의 벼랑 끝 전략은 군사적 자신감을 바탕으로 공세적으로 전개된 반면 냉전이후에는 체제 생존을 위한 수세적 입장과 협상을 목표로 전개되었다.

냉전시기 중국과 소련의 지원으로 군사력을 강화한 북한은 체제에 대한 우월감과 자신감을 바탕으로 벼랑 끝 전략을 전개하였다. 반면 냉전이후에는 사회주의권의 붕괴로 원조가 줄어드는 상황에서 체제 생존에 주력하게 되었다. 북한은 핵개발을 무기로 벼랑 끝 전략을 전개하여 미국으로부터 안전을 보장받고 필요한 지원을 얻어내고자 하였다. 벼랑 끝 전략의 목적이 미국과의 협상으로 변모한 것이다.

북한의 벼랑 끝 전략은 양자 간의 관계가 아닌 남북한과 미국이 참여하는 삼자간 치킨게임의 형식으로 전개되었다. 북한은 미국을 상대로 벼랑 끝 전략을 시도하면서 한국을 볼모로 활용하였고 미국은 한국을 협상에서는 배제하면서도 협상의 결과 발생한 위험과 비용은 감수하게 하였다.

한국은 미국이 원격조종(Remote Control)하는 차량에 탑승한 채 북한과 치킨게임을 벌이면서도 협상에 영향력을 행사하기 위해 끊임없이 노력하였다. 삼자간 치킨게임에서 북한은 한국을 볼모로 강력한 위협전략을 구사한 반면 미국은 직접적인 위협이 없는 한 적당한 선에서 양보와 보상으로 대응함으로써 벼랑 끝 전략의 결과가 북한의 승리로 마무리된 것 같은 인상을 심어주게 되었다.

그러나 북한의 벼랑 끝 전략은 북한에게만 일방적으로 유리한 전략은 아니었다. 상대방의 맞대응으로 인한 역효과와 부작용을 초래하는 것은 물론 장기간에 걸친 반복된 사용으로 효과가 급속히 상실되고 있다. 북한이 벼랑 끝 전략을 사용할 때마다 한국은 미국에 강력하게 불만을 제기하면서 보복공격을 주장했고 미국은 한국을 달래기 위해 군사적 지원과 한·미 연합방위체제를 강화하였다. 결과적으로 한국의 군사력은 획기적으로 증가하였다.

반면 북한은 막대한 핵개발 비용 부담과 대북제재로 심각한 경제난에 시달리게 되었다. 북한은 벼랑 끝 전략으로 외교적 승리와 체제 선전의 수단을 확보하였으나 경제난과 군사적 열세에 더욱 빠져들게 된 것이다. 벼랑 끝 전략이 북한에게 양날의 검으로 작용한 것이다.

북한이 유사한 전략을 반복적으로 사용하면서 벼랑 끝 전략의 효과도 점차 상실되고 있다. 북한이 벼랑 끝 전략을 반복하면서 미국은 북한의 의도를 충분히 간파하고 북한의 행태를 무시하기 시작했다. 상대의 관심을 끌지 못하는 전략은 전략으로써 의미를 상실한 것이다. 2차 북핵 위기 시 북한의 핵 보유 선언에도 불구하고 무시로 일관한 미국의 태도는 벼랑 끝 전략이 효과를 상실하고 있음을 보여주는 것이었다.

오랜 기간 북한을 상징하는 대외전략으로 치부되어 온 벼랑 끝 전략은 효과를 상실하고 있음에도 체제개방과 같은 획기적인 대안을 찾지 못하고 있는 김정은 시대 북한의 유용한 전략임이 분명하다. 핵보유국임을 주장하며 한국을 배제한 채 미국과의 핵감축 협상을 시도하고 미사일 발사를 계속하고 있는 북한의 태도는 북한이 벼랑 끝 전략을 지속할 것이라는 예측을 가능하게 한다. 2022년도에 들어서자마자 시작된 북한의 미사일 발사는 벼랑 끝 전략의 핵심적인 수단이 핵개발에서 미사일로 전환되고 있음을 보여주는 사례라고 하겠다.

벼랑 끝 전략은 북한이 군사적 행동을 보일 때마다 북한의 행동을 설명하는 도구로 빈번하게 사용되고 있다. 북한 내부적으로 정치적인 필요에 의해 이루어지는 미사일 발사나 군사력 시위까지도 모두 벼랑 끝 전략으로 해석하려고 하는 것은 벼랑 끝 전략에 대한 명확한 개념 정립이 이루어지지 않고 있기 때문이다.

벼랑 끝 전략이라는 용어의 잦은 노출은 누구나 알고 있는 상식이라고 착각하게 함으로써 학문적 접근이나 진지한 연구를 방해하는 요소로 작용하고 있다. 벼랑 끝 전략 자체에 대한 학문적 논의가 충분히 이루어지지 않고 있는 것은 이러한 인식의 결과라고 하겠다. 북한의 행동을 제대로 이해하기 위해서는 벼랑 끝 전략에 대한 명확한 개념 정립과 연구가 우선되어야 한다.

냉전시기 북한의 강력한 대외전략 수단이었던 벼랑 끝 전략은 냉전이후 협상국면을 유리하게 이끌어가기 위한 부분적인 전략으로 변모하고 있으며 전략으로써의 실효성도 점점 상실되고 있다. 하지만 북한이 핵 포기나 체제 개혁과 같은 획기적인 대안을 찾지 못하고 있는 상황에서 벼랑 끝 전략은 북한의 유효한 대외전략의 일환으로 상당기간 지속될 것으로 보인다.

북한의 벼랑 끝 전략에 대한 분석과 개념 정립을 위한 연구는 북한의 전략적 의도와 행동을 제대로 이해하기 위해 반드시 필요한 과정이다. 북한이 미사일 발사를 감행하며 벼랑 끝 전략을 지속할 의도를 보이고 있는 상황에서 북한의 벼랑 끝 전략에 대한 연구와 분석은 한반도의 평화와 안정은 물론 북한의 위협에 직접적으로 노출되어 있는 우리의 생존을 위해서도 반드시 지속되어야 할 과제라고 하겠다.

미주

1) 최용환(2002), p.279.

부 록

- 부록 1 미국의 푸에블로호 관련 사과문
- 부록 2 김일성의 판문점도끼만행 관련 통지문
- 부록 3 「북·미 제네바 합의문」
- 부록 4 「제4차 6자회담 공동성명(9.19 공동성명)」
- 부록 5 미북 싱가포르 정상회담 공동성명
- 부록 6 북한의 핵개발 주요일지
- 부록 7 북한의 위성발사체 시험 발사 평가

부록 1. 미국의 푸에블로호 관련 사과문[1)]

조선민주주의인민공화국 정부 앞

미합중국 정부는 1968년 1월 23일 조선민주주의인민공화국 령해에서 조선인민군 해군함정들의 자위적 조치에 의하여 나포된 미국함선 ≪푸에블로≫호가 조선민주주의인민공화국 령해에 여러 차례 불법 침입하여 조선민주주의인민공화국의 중요한 군사적 및 국가적 기밀을 탐지하는 정탐 행위를 하였다는 이 함선의 승무원들의 자백과 조선민주주의인민공화국 정부대표가 제시한 해당한 증거문건들의 타당성을 인정하면서,

미국 함선이 조선민주주의인민공화국 령해에 침입하여 조선민주주의인민공화국을 반대하는 엄중한 정탐행위를 한데 대하여 전적인 책임을 지고 이에 엄숙히 사죄하며,

앞으로 다시는 어떠한 미국함선도 조선민주주의인민공화국 령해를 침범하지 않도록 할 것을 확고히 담보하는 바입니다.

이와 아울러 미합중국 정부는 조선민주주의인민공화국 측에 의하여 몰수된 ≪푸에블로≫호의 이전 승무원들이 자기들이 죄행을 솔직히 고백하고 관용성을 베풀어 줄 것을 조선민주주의인민공화국 정부에 청원한 사실을 고려하여 이들 승무원들을 관대히 처분하여 줄 것을 조선 민주주의인민공화국 정부에 간절히 요청하는 바입니다.

미 합 중 국 　정 부 를 　대 표 하 여

미육군 소장 길버트 에이치. 우드워드

1 9 6 8 년 　　월 　　일

부록 2. 김일성의 판문점도끼만행 관련 통지문[2)]

본인은 조선인민군 최고사령관 동지의 위임을 받고 그가 당신 측 총사령관에게 보내는 다음과 같은 통지문을 전달합니다.

> "판문점에서 오랫동안 큰 사건이 없었던 것은 다행한 일입니다. 그러나 판문점 공동경비구역에서 이번에 사건이 일어나서 유감입니다. 앞으로는 그런 사건이 일어나지 않도록 노력해야 하겠습니다. 그러기 위해서는 양측이 다 같이 노력해야 하겠습니다. 우리 측은 당신 측이 도발을 사전 방지할 것을 촉구합니다. 우리는 절대로 먼저 도발하지 않겠습니다. 그러나 도발을 받으면 그럴 때만 오로지 자위적 조치를 취할 것입니다. 이것이 우리 측의 일관된 입장입니다."

본인은 당신이 이 통지문을 가장 빠른 방법으로 당신 측 총사령관에게 전달할 것을 요청합니다.

부록 3. 「북·미 제네바 합의문」3)

1994년 10월 21일 제네바

미합중국 대표단과 조선민주주의인민공화국 대표단은 1994년 9월 23일부터 10월 21일까지 제네바에서 한반도 핵문제의 해결을 위한 협상을 가졌다. 양측은 핵이 없는 한반도의 평화와 안전 확보를 위해서는 1994년 8월 12일 미국과 북한이 합의한 발표문에 포함된 목표의 달성과 1993년 6월 11일 미국과 북한의 공동발표문에 포함된 원칙의 준수가 중요하다는 것을 재확인하였다. 양측은 핵문제 해결을 위해서 다음과 같은 조치들을 추진하기로 결정하였다.

Ⅰ. 양측은 북한의 흑연감속 원자로와 이에 관련된 시설들을 경수로 원자로로 대체하기 위하여 협력해 나간다.

1) 미국은 1994년 10월 20일 부 미국 대통령의 보장서한에 의거하여 2003년을 목표로 총 2,000MWe 발전용량의 경수로를 북한에 제공하기 위한 조치를 주선할 책임을 진다.

- 미국은 경수로의 재정조달 및 공급을 담당할 국제컨소시엄을 구성한다. 미국은 동 국제컨소시엄을 대표하여 경수로 사업을 위한 북한과의 기본상대자 역할을 수행한다.

- 미국은 국제컨소시엄을 대표하여 본 합의문이 서명된 날부터 6개월 이내에 북한과 경수로 공급계약을 체결하기 위한 최선의 노력을 다한다.
- 미국과 북한은 필요에 따라 핵에너지의 평화적 이용을 위해 쌍무적 협력을 위한 협정을 체결한다.

2) 미국은 1994년 10월 20일 부 대체에너지 제공과 관련한 미국의 보장서한에 따라 국제컨소시엄을 대표하여 1호 경수로 완공 시까지 북한의 흑연감속 원자로 시설 동결에 따른 에너지 상실을 보전하기 위한 조치를 주선한다.
   - 대체 에너지는 난방과 전력생산을 위해 중유로 공급한다.
   - 중유 공급은 본 합의문 서명 후 3개월 이내에 개시되며 공급량은 합의된 일정에 따라 매년 50만 톤 규모로 제공된다.

3) 경수로 및 대체에너지 제공에 대한 보장서한을 접수한 즉시 북한은 흑연감속 원자로와 관련시설을 동결하고 궁극적으로는 해체한다.
   - 북한의 흑연감속 원자로와 관련시설의 동결은 본 합의문 서명 후 1개월 이내에 완전 이행한다. 동 1개월 동안과 그 이후의 동결기간 중에 북한은 IAEA(국제원자력기구)의 동결상태 감시를 허용하며 이를 위해 북한은 IAEA에 전적인 협력을 제공한다.
   - 북한의 흑연감속 원자로와 관련시설은 경수로 사업이 완료될 때 완전 해체한다.
   - 미국과 북한은 경수로 건설기간 중 5MWe 실험용 원자로에서 추출한 폐연료봉을 안전하게 보관하며, 북한 내에서 폐연료봉을 재처리하지 않고 다른 안전한 방법으로 처분하기 위해 협력한다.

4) 미국과 북한은 본 합의문 서명 후 가능한 한 빠른 시일 내에 두 종류의 전문가 협의를 진행한다.
   - 한쪽의 협의에서는 대체에너지와 흑연감속 원자로를 경수로로 교체하는 문제와 관련된 토의를 진행한다.

- 다른 협의에서는 폐연료봉의 보관 및 최종적 처리를 위한 구체적인 조치들에 대하여 협의한다.

Ⅱ. 양측은 정치적, 경제적인 관계의 완전한 정상화를 추진한다.

1) 본 합의문 서명 후 3개월 이내에 통신 및 금융거래와 무역 및 투자에 대한 제한을 완화한다.

2) 전문가 협의를 통해 영사 및 실무적 문제들이 해결되는 대로 상대국 수도에 연락사무소를 개설한다.

3) 미국과 북한은 상호 관심사항에 대한 문제들의 해결이 이루어짐에 따라 양국관계를 대사급으로 승격시켜 나간다.

Ⅲ. 양측은 한반도의 비핵화와 평화, 안전을 위해 함께 노력한다.

1) 미국은 북한에 대해 핵무기를 사용하지도, 핵무기로 위협하지도 않는다는 보장을 공식적으로 제공한다.

2) 북한은 한반도 비핵화 공동선언 이행을 위한 조치들을 일관성 있게 시행한다.

3) 북한은 본 합의문이 대화를 도모하는 분위기를 조성하는 데 도움이 되는 만큼 남북대화에 임한다.

Ⅳ. 양측은 국제적 핵 비확산 체제 강화를 위하여 공동 노력한다.

1) 북한은 NPT(핵확산금지조약) 당사국으로 잔류하여 동 조약의 안전조치 협정 이행을 준수한다.

2) 경수로 공급 계약이 체결되는 즉시 북한 내 미 동결 시설에 대해서는 북한과 IAEA 간 안전조치협정에 따라 임시 및 일반사찰을 재개한다. 안전조치의 연속성을 위해 IAEA가 요청하는 사찰은 경수로 공급계약이 체결될 때까지 미 동결 시설에서 계속 실시한다.

3) 경수로 사업의 상당 부분이 완료되고 주요 부품들이 납입되기 전에 북한은 북한 내 핵 물질에 관한 최초보고서의 정확성과 완전성 검증과 관련하여 IAEA와의 협의를 통해 IAEA가 필요하다고 판단한 모든 조치를 포함하여 IAEA의 안전조치협정을 철저히 이행한다.

미합중국대표단 단장	조선민주주의인민공화국대표단 단장
미합중국 순회대사	조선민주주의인민공화국 외교부
로버트 L. 갈루치	제1부부장 강석주

부록 4. 「제4차 6자회담 공동성명(9.19공동성명)」[4] (2005.9.19., 베이징)

제4차 6자회담이 중국, 북한, 일본, 대한민국, 러시아, 미국 대표단이 참석한 가운데 베이징에서 2005년 7월 26일부터 8월 7일간과 9월 13일부터 19일간 두 차례 개최되었다.

각 대표단의 수석대표로 중국 우다웨이 외교부 부부장, 북한 김계관 외무성 부상, 일본 사사에 켄 이치로 외무성 아시아대양주 국장, 대한민국 송민순 외교통상부 차관보, 러시아 알렉세예프 외무부 차관, 미국 크리스토퍼 힐 국무부 동아태 차관보가 참석하였다.

회담의 의장은 중국의 우다웨이 부부장이 맡았다.

한반도와 동북아시아의 평화와 안정이라는 대의를 위해 6자는 상호 존중과 평등의 정신아래 3회에 걸친 회담을 거쳐 이루어진 공동의 이해를 바탕으로 한반도의 비핵화에 대한 진지하고 실질적인 회담을 가졌으며 다음과 같이 합의했다.

1. 6자회담의 목표는 평화적인 방법으로 한반도에서 검증이 가능한 비핵화를 달성하는 것이라는 것을 만장일치로 재확인하였다.

북한은 모든 핵무기와 핵계획을 포기하고 빠른 시일 내에 NPT(핵확산금지조약)와 IAEA(국제원자력기구)의 안전조치에 복귀할 것을 확인하였다.

미국은 한반도에 핵무기를 배치하지 않으며, 핵무기나 재래식 무기를 사용하여 북한을 공격하거나 침략할 의사가 없음을 확인하였다.

대한민국은 영토 내에 핵무기가 없다는 것을 확인하고, 1992년 「한반도 비핵화에 관한 남북한 공동선언」에 따라 핵무기를 배치하지 않겠다는 것을 재확인하였다.

1992년 「한반도의 비핵화에 관한 남북한 공동선언」은 반드시 준수되고 철저히 이행되어야 한다.

북한은 핵에너지의 평화적 이용에 관한 권리를 표명하였으며 다른 국가들은 이를 인정하면서 적절한 시기에 북한에 대한 경수로 제공 문제를 논의할 것에 동의하였다.

2. 6자는 UN 헌장의 목적과 원칙 및 국제관계 규범을 준수할 것을 약속하였다.

북한과 미국은 상호 주권을 존중하며 평화적인 공존과 관계정상화를 위한 조치를 취해 나갈 것을 약속하였다.

북한과 일본은 평양선언에 따라 불행했던 과거와 현안의 해결을 기반으로 관계정상화를 위한 조치를 취해 나갈 것을 약속하였다.

3. 6자는 에너지와 교역 및 투자분야의 경제협력을 양자 및 다자적으로 확대할 것을 약속하였다.

중국, 일본, 대한민국, 러시아 및 미국은 북한에 대한 에너지 제공의사를 표명하였다.

대한민국은 2005년 7월 12일부 2백만 킬로와트 전력의 북한 공급 제안을 재확인하였다.

4. 6자는 동북아의 항구적 평화와 안정을 위한 공동 노력에 합의하였다.

관련국들은 별도포럼에서 한반도의 항구적 평화체제 구축을 위한 협의를 진행한다.

6자는 동북아의 안보협력 증진 방안 모색에 합의하였다.

5. 6자는 '공약 대 공약', '행동 대 행동' 원칙에 따라 단계적으로 상기에 합의한 사항을 이행하기 위한 조치를 취할 것에 합의하였다.

6. 6자는 협의를 통해 제 5차 6자 회담을 11월초 북경에서 개최할 것에 합의하였다.

부록 5. 미북 싱가포르 정상회담 공동성명[5)]
(2018.6.12., 싱가포르)

도날드 트럼프 미국 대통령과 김정은 북한 국무위원장은 2018년 6월 12일 싱가포르에서 역사적인 첫 정상회담을 개최하였다.

트럼프 대통령과 김정은 위원장은 미국과 북한의 새로운 관계설정과 한반도에서의 항구적이며 공고한 평화체제 구축에 관한 문제들에 대하여 포괄적이고 심도있는 의견을 솔직하게 교환하였다. 트럼프 대통령은 북한에 대하여 안전보장을 제공하기로 약속하였으며 김정은 위원장은 한반도에서의 완전한 비핵화에 대한 확고부동한 약속을 재확인하였다.

트럼프 대통령과 김정은 위원장은 새로운 미북관계의 수립이 한반도와 세계의 평화와 번영에 기여할 것을 확신하고, 상호 신뢰구축이 한반도의 비핵화를 촉진할 수 있다는 것을 인정하면서 다음과 같이 선언한다.

1. 미국과 북한은 평화와 번영을 위한 두 나라 국민들의 염원에 따라 새로운 미북 관계를 수립할 것을 약속한다.

2. 미국과 북한은 한반도에서 항구적이며 안정된 평화체제 구축을 위한 노력에 동참한다.

3. 북한은 2018년 4월 27일에 채택된 판문점 선언을 재확인하고 한반도의 완전한 비핵화를 위해 노력할 것을 약속한다.

4. 미국과 북한은 이미 신원이 확인된 전쟁포로 및 행방불명자들의 유골의 즉각적인 송환을 포함하여 남아있는 유골에 대한 발굴을 지속할 것을 약속한다.

트럼프 대통령과 김정은 위원장은 사상처음 개최된 미북 정상회담이 두 나라 사이에 수십 년간 지속되어온 긴장과 적대관계를 해소하고 새로운 미래를 열어나가기 위해 중요한 의의를 가진 획기적인 행사라는 것을 인정하면서 공동성명의 조항들을 완전하고 신속하게 이행하기로 약속하였다. 미국과 북한은 정상회담의 결과를 이행하기 위하여 마이크 폼페오 미국 국무장관과 북한의 관련 고위급 인사와의 후속협상을 가능한 빠른 시일 내에 개최하기로 하였다.

도날드 트럼프 미국 대통령과 김정은 북한 국무위원장은 새로운 북미관계 발전과 한반도와 세계의 평화와 번영, 안전을 증진하기 위하여 협력하기로 약속하였다.

2018년 6월 12일

싱가포르

센토사섬

부록 6. 북한의 핵개발 주요일지

1955. 12　북한 과학원 핵물리연구실 설치
1956. 3　소련과 「원자력의 평화적 이용에 관한 협정」 체결
1962.　영변에 원자력 연구소 설립
1963. 6　소련으로부터 연구용 원자로 IRT－2000 도입
1974. 9　국제원자력기구(IAEA) 가입
1977. 9　IAEA와 연구용 원자로 IRT－2000에 관한「부분안전조치협정」 체결
1979.　영변에 5MWe 원자로 건설 착공
1983.　영변에서 고폭실험 실시
1985.　50MWe 원자로 건설 착공
1985. 12　핵확산금지조약(NPT) 가입
1986. 10　영변 5MWe 원자로 가동 개시
1989. 9　프랑스 상업위성 SPOT 2호 촬영 영변 핵시설 사진 공개
1991. 9　IAEA 이사회, 북한의 안전조치협정 서명 촉구 결의안 채택
1992. 1　'남북 비핵화 공동선언' 서명
1992. 1　IAEA와 '전면적 안전조치 협정' 서명
1992. 5　IAEA의 제 1차 북한 임시 핵사찰 실시
1992. 7　제2차 북한 임시 핵사찰
1992. 8　제3차 북한 임시 핵사찰
1992. 11　제4차 북한 임시 핵사찰
1992. 12　제5차 북한 임시 핵사찰
1993. 1　IAEA의 2개 미신고시설 방문 요청 거부
1993. 1　제6차 북한 임시 핵사찰

1993. 2 IAEA의 특별사찰 요구 거부

1993. 3 NPT 탈퇴 성명 발표

1993. 5 제7차 북한 임시 핵사찰

1993. 6 미국과 NPT 탈퇴 효력정지 합의

1993. 8 IAEA 사찰단 방북(사찰 실패)

1994. 2 IAEA 사찰허용 합의

1994. 4 5MWe 원자로 가동 중단

1994. 5 5MWe 원자로 연료봉 인출 개시

1994. 5 IAEA 사찰단 방북(핵연료봉 샘플 채취 거부)

1994. 6 IAEA 탈퇴 선언

1994. 6 카터 전 미대통령 방북

1994. 7 김일성 사망

1994. 10 「북미 제네바 기본합의문」 채택

1995. 12 한반도에너지개발기구(KEDO)와 '경수로 공급협정' 서명

1997. 8 신포 경수로 부지공사 착공

1997. 10 5MWe 원자로 연료봉 8,000개 봉인 완료

1998. 8 미 뉴욕 타임즈, 북한 금창리 지하 핵시설 의혹 보도

1999. 5 미 대표단, 제 1차 금창리 지하 의혹시설 방문

2000. 2 신포 경수로 본공사 착공

2000. 5 미 대표단, 제 2차 금창리 지하 의혹시설 방문

2002. 10 켈리 미 특사 방북, 북한의 고농축우라늄(HEU) 프로그램 공개

2002. 11 KEDO, 대북 중유제공 중단 발표

2002. 12 5MWe 원자로 동결 해제 및 IAEA 사찰관(3명) 추방 통보

2003. 1 NPT 탈퇴선언

2003. 2 5MWe 원자로 재가동

2003. 10 연료봉 8,000개 재처리 완료 발표

2003. 12 KEDO, 경수로 공사 1년간 잠정중단

2004. 11	KEDO, 경수로 공사 중단 1년 추가연장
2005. 2	핵무기 보유 외무성 성명 발표 및 6자회담 중단 선언
2005. 3	재가동중인 5MWe 원자로 가동 중단
2005. 5	5MWe 원자로에서 연료봉 8,000개 인출완료 발표
2005. 6	5MWe 원자로 재가동
2005. 9	「9.19 공동성명」 채택
2006. 5	KEDO, 경수로 공사 공식 종결
2006. 10	1차 핵실험 실시(함경북도 길주군 풍계리)
2007. 2	'9.19 공동성명 이행을 위한 초기단계 조치'(2.13 합의) 채택
2007. 7	5MWe 원자로 등 영변 핵시설 폐쇄
2007. 10	'9.19 공동성명 이행을 위한 2단계 조치'(10.3 합의) 채택
2008. 6	영변 5MWe 원자로 냉각탑 폭파
2008. 9	영변 핵시설 복구작업 개시(재처리 시설 봉인 및 감시장비 제거)
2009. 5	2차 핵실험 실시(풍계리)
2009. 11	폐연료봉 8,000개 재처리 완료 발표
2011. 12	김정일 사망
2012. 2	비핵화 조치관련 미국과 '2.29 합의' 채택
2013. 2	3차 핵실험 실시(풍계리)
2013. 3	'경제·핵무력 병진노선' 채택
2013. 4	영변 5MWe 원자로 재가동 선언
2016. 1	4차 핵실험 실시(풍계리)
2016. 9	5차 핵실험 실시(풍계리)
2017. 9	6차 핵실험 실시(풍계리, 핵탄두 소형화 및 수소탄 실험 성공발표)
2017. 11	'국가 핵무력 완성' 선언
2018. 4	핵실험 및 ICBM 시험발사 중단 선언
2018. 5	풍계리 핵실험장 갱도 폭파 공개
2022. 1	핵실험 및 ICBM 시험발사 중단 조치 재고 검토 시사

부록 7. 북한의 위성발사체 시험 발사 평가

2023년 6월 15일 우리 군은 북한이 발사에 실패한 우주발사체 '천리마 1형'의 2단 동체를 인양하는 데 성공했다. 목표 궤도에 오르지 못하고 추락한 북한의 위성발사체 잔해를 수색작전 보름 만에 인양해 낸 것이다. 북한의 위성발사체 잔해 수거는 이번이 처음은 아니고 지난 2012년과 2016년에도 북한이 발사한 위성발사체의 일부를 인양한 전례가 있는 만큼 발사체 인양으로 북한의 위성발사 기술은 물론 미사일 개발 능력에 대한 정확한 판단이 가능할 것으로 보인다.

북한의 위성발사체는 사실상 ICBM으로 간주되고 있는 만큼 핵보유국임을 선언한 북한의 위성발사체 실험은 우리는 물론 주변국에 심각한 위협으로 간주되고 있다. 특히, 핵탄두를 운반할 수 있는 미사일 개발은 김정은 시대 북한이 사용하는 벼랑 끝 전략의 주요한 수단으로 자리 잡고 있다.

북한의 미사일 개발은 김일성과 김정일 시대 액체연료 미사일에서 김정은 시대 들어서 고체연료 미사일 개발로 변화하고 있다. 액체연료 미사일은 발사과정에서 연료주입에 상당한 시간이 소요되어 공격에 취약한 반면 고체연료 미사일은 즉시 발사가 가능하고 잠수함을 비롯한 다양한 플랫폼에서 발사가 가능하기 때문에 한국의 킬 체인(Kill Chain)을 무력화할 수 있는 무기로 평가되고 있다.

북한의 미사일 개발은 군사적 의미와 경제적 의미로 구분하여 평가할 수 있다. 먼저 군사적 의미를 살펴보면 북한은 군사력 열세를 극복하기 위해 핵무기와 미사일 개발에 주력하고 있다. 특히 미사일 개발은 NPT 가입과 IAEA 사찰 등 엄격한 규제가 따르는 핵개발과는 달리 미사일기술통제체제(MTCR) 이외에는 국제적인 제재로부터 비교적 자유롭기 때문에 개발이 용이하다는 점을 이용하고 있는 것이다.

경제적인 면에서 북한은 미사일 수출을 통해 상당한 이득을 올린 것으로 알려져 있다. 과거 김정일은 2000년 8월 방북한 한국 언론사 사장단과 면담 시 미사일 수출로 수억 달러를 벌어들이고 있다고 언급했다. 최근의 러시아–우크라이나 전쟁은 국제적인 대북제재에도 불구하고 북한이 미사일 수출을 재개할 수 있는 여지를 제공하고 있다.

한편, 김정은 시대 북한의 미사일 개발은 김정은의 지도력을 강화하거나 북한주민들의 내부 결속을 강화하기 위한 정치적 목적으로도 활용되고 있는 것으로 보인다. 특히 위성 발사는 북한 주민들의 자긍심을 높이고 김정은의 업적을 선전할 수 있는 수단이라는 점에서 ICBM 개발이라는 군사적 목적과 함께 북한 내부통제를 위한 정치행사라는 관점에서 평가해 볼 필요가 있다.

북한의 미사일 위협에 대한 우리의 대응은 킬 체인(Kill Chain)–한국형미사일방어체계(KAMD)–대량응징보복(KMPR)이라는 3축의 방어체계로 이루어져 있다.

먼저 '킬 체인'(Kill Chain)은 우리 군이 북한의 미사일 공격 징후 포착 시 미사일이 발사되기 전에 선제 타격하는 개념이다. 그러나 킬 체인은 북한 미사일에 액체 연료가 주입되는 사전 징후 포착을 전제로 하고 있어 최근 북한이 액체연료 미사일을 고체연료로 전환하고 있는 점을 감안할 때 실효성에 의문을 제기할 수 있다.

두 번째 '한국형미사일방어체계'(KAMD; Korea Air and Missile Defense)는 10–30㎞ 수준의 고도에서 북한의 미사일을 요격하는 방어체계이다. 우리 군은 북한 미사일 요격을 위해 저층은 패트리어트(PAC–2·PAC–3 등), 중층은 중거리 지대공미사일(M–SAM), 중고도는 장거리 대공미사일(L–SAM)이라는 삼중의 방어체계를 운용하고 있다.

하지만 KAMD는 북한 미사일 요격에 몇 분 정도의 시간을 필요로 하고 있어 북한 전방지역에서 동시다발적으로 발사되는 다수의 미사일을 100% 요격하기에는 한계가 있는 것으로 평가된다.

세 번째 '대량응징보복'(KMPR; Korea Massive Punishment and Retaliation)은 북한이 공격을 할 경우 '압도적 대응'으로 북한 지도부를 응징·보복한다는 개념이다. 대량의 미사일로 북한의 전쟁지휘부를 타격하고 일명 '참수작전'을 통해 김정은 일가를 제거한다는 것이다.

그렇지만 북한이 핵 공격을 시도해올 경우에도 응징 보복 작진은 현 단계에서는 재래식 전력으로 대응한다는 제한적 개념이라는 점에서 실질적인 억제효과를 거둘 수 있을지 의문이다.

북한의 미사일 위협에 대한 대응은 군사적 대응과 함께 방공호와 같은 방호 시설 확보와 비상대비 체계 구축이라는 민방위 차원에서도 가능하다. 다만, 방호시설을 갖추기 위해서는 막대한 예산과 시간이 소요되는 만큼 미사일 공격에 대한 대피훈련과 비상시 대응체계 구축을 강화하는 것이 현실적인 대안이라 하겠다. 평상시 북한의 미사일이나 핵 공격에 대응한 민간차원의 훈련을 정기적으로 실시하여 국민들의 위기대응 능력을 향상시켜야 한다.

북한의 핵위협이나 미사일 발사에는 압도적인 힘을 바탕으로 단호하게 응징하겠다는 강력한 의지를 표명하는 것이 최선의 방책이다. 북한과의 대화를 통한 평화달성이 얼마나 허구였는지를 그동안 수많은 사례들이 확인해 주고 있는 만큼 북한의 도발에는 단호하면서도 강력하게 대응해야 한다.

2023년 5월 발사에 성공한 우리의 누리호 사업에 엄청난 예산과 고도의 기술이 사용되었음을 감안할 때 경제난에 시달리고 있는 북한의 입장에서 위성발사는 쉽게 해결할 수 없는 과제일 것이다. 최근 북한과 러시아 간의 우주발사체 협력 강화 동향은 이러한 북한의 어려움을 잘 보여주는 사례라고 하겠다.

북한의 위성발사체 잔해에 대한 정밀한 분석을 통해 북한의 미사일 기술수준을 명확하게 파악하고 적절한 대응책을 마련함으로써 북한의 위성발사체 시험 발사에 대한 막연한 공포감에서 벗어날 수 있기를 기대한다.

미주

1) 『로동신문』, 1968년 12월 24일.
2) 국방부 군사편찬연구소(2012), p.309; 1968년 8월 21일 김일성이 인민군총사령관 명의로 스틸웰 유엔군사령관 앞으로 전달한 통지문(북한 측 한주경 수석대표가 군사정전위 본회의에서 유엔사 측 수석대표에게 전달)
3) 『외교부』, https://www.mofa.go.kr/www/brd/m_3976/view.do?seq=346088 (검색일: 2022.5.26.)
4) 『외교부』, https://www.mofa.go.kr/www/brd/m_3973/view.do?seq=293917 (검색일: 2022.3.3.)
5) 『외교부』, https://www.mofa.go.kr/www/brd/m_3973/view.do?seq=367939 (검색일: 2023.1.16.)

참 고 문 헌

1. 국내문헌

가. 단행본

곽길섭, 「김정은 대해부: 그가 꿈꾸는 권력과 미래에 대한 심층 고찰」, 서울: 선인, 2019.

국방부 군사편찬연구소, 「국방사건사 제1집」, 국군인쇄창, 2012.

국방부, 「국방백서 2000」, 서울: 국방부, 2000.

김동욱·박용한, 『북핵 포커게임: 한반도 판을 흔들다』, 서울: 늘품플러스, 2020.

김병섭, 「편견과 오류 줄이기－조사연구의 논리와 기법」2판, 서울: 법문사, 2010.

김보영, 「전쟁과 휴전: 휴전회담 기록으로 읽는 한국전쟁」, 서울: 한양대학교출판부, 2016.

김영삼, 「김영삼 대통령 회고록: 민주주의를 위한 나의 투쟁」, 서울: 조선일보사, 2001.

김용호, 「북한의 협상 스타일」, 인천: 인하대학교 출판부, 2004.

김재한, 「게임이론과 남북한 관계: 갈등과 협상 및 예측」, 서울: 한울아카데미, 1996.

김재한, 「전략으로 승부하다: 호모스트라테지쿠스」,서울: 아마존의 나비, 2021.

박종철, 「북·미 미사일 협상과 한국의 대책」, 서울: 통일연구원, 2001.

박찬희·한순구, 「인생을 바꾸는 게임의 법칙」, 서울: 경문사, 2006.

박태균, 「한국전쟁: 끝나지 않은 전쟁, 끝나야 할 전쟁」, 서울: 책과함께, 2005.

박희도, 「돌아오지 않는 다리에 서다.」, 서울: 샘터사, 1988.

사마천, 홍문숙·박은교 역, 「사기열전」, 서울: 청아출판사, 2011.

서동만, 「북조선 사회주의 체제성립사: 1945－1961」, 서울: 선인, 2005.

서보혁, 「탈냉전기 북미 관계사」, 서울: 선인, 2004.

서 훈, 「북한의 선군외교」, 서울: 명인문화사, 2008.

송민순, 「빙하는 움직인다」, 파주: 창비, 2016.

송종환, 「북한 협상행태의 이해」, 서울: 오름, 2007.

윤대규, 「북한 체제전환의 전개과정과 발전조건」, 서울: 한울, 2008.

이신재, 「푸에블로호 사건과 북한」, 서울: 선인, 2015.

이용준, 「북핵 30년의 허상과 진실: 한반도 핵 게임의 종말」, 파주: 한울아카데미, 2018.
이재춘, 「베트남과 북한의 개혁·개방」, 서울: 경인문화사, 2014.
이창위, 「북핵 앞에 선 우리의 선택」, 파주: 궁리, 2019.
임동원, 「피스메이커」, 서울: 중앙북스, 2008.
임수호, 「계획과 시장의 공존: 북한의 경제개혁과 체제변화 전망」, 서울: 삼성경제연구소, 2008.
정세진, 「시장과 네트워크로 읽는 북한의 변화」, 서울: 이담북스, 2017.
정창현, 「곁에서 본 김정일」, 서울: 김영사, 2000.
조성훈, 「한미군사관계의 형성과 발전」, 서울: 국방부 군사편찬연구소, 2008.
최정규, 「게임이론과 진화 다이내믹스」, 서울: 이음, 2009.
태영호, 「3층 서기실의 암호」, 서울: 기파랑, 2018.
통계청, 「2005 남북한 경제 사회상 비교」, 서울: 통계청, 2005.
함성득, 「김영삼 정부의 성공과 실패」, 서울: 나남, 2001.
홍용표, 「김정일 정권의 안보딜레마와 대미·대남정책」, 서울: 민족통일연구원, 1997.
홍현익, 「북한의 핵 도발·협상 요인 연구」, 경기도 성남: 세종연구소, 2018.
그레엄 엘리슨·필립 제리코, 김태현 역, 「결정의 엣센스」, 서울: 모음북스, 2005.
돈 오버도퍼, 이종길 역, 「두개의 한국」, 고양: 길산, 2002.
로버트 그린, 안진환·이수경 역, 「전쟁의 기술」, 서울: 웅진, 2008.
미첼 러너, 김동욱 역, 「푸에블로호 사건: 스파이선과 미국 외교정책의 실패」, 서울: 높이깊이, 2011.
미치시타 나루시게, 이원경 역, 「북한의 벼랑 끝 외교사: 1966-2013년」, 서울: 한울아카데미, 2014.
스코트 스나이더, 안진환·이재봉 역, 「벼랑 끝 협상」, 서울: 청년정신, 2003.
와다 하루키, 남기정 역, 「북한 현대사」, 서울: 창비, 2014.
와다 하루키, 서동만·남기정 역, 「북조선: 유격대 국가에서 정규군 국가로」, 서울: 돌베개, 2002.
윌리엄 파운드스톤, 박우석 역, 「죄수의 딜레마」, 서울: 양문, 2004.
척 다운스, 송승종 역, 「북한의 협상전략」, 서울: 한울아카데미, 2011.
토마스 셸링, 최동철 역, 「갈등의 전략」, 서울: 나남출판, 1992.

후나바시 요이치, 오영환 역, 「김정일 최후의 도박」, 서울: 중앙일보시사미디어, 2007.

나. 연구논문

고유환, "벼랑 끝 외교와 실리외교의 병행", 『북한』, 제322권, 북한연구소, 1998.
김근식, "북한발전전략의 형성과 변화에 관한 연구:1950년대와 1990년대를 중심으로", 서울대학교대학원 박사학위논문, 1999.
김복산, "북한의 핵협상 전략에 관한 연구", 경원대학교대학원 박사학위 논문, 2010.
김성배, "김정은 시대의 북한과 대북정책 아키텍쳐(Architecture): 공진화전략과 복합적 관여 정책의 모색", 『국가안보와 전략』, 12권 2호, 국가안보전략연구원, 2012.
김성배, "2013년 북한의 전략적 선택과 동아시아 국제정치: 병진노선과 신형대국관계를 중심으로", 『평화연구』, 21권 2호, 고려대 평화민주주의 연구소, 2013.
김용현, "북한 군사국가화의 기원에 관한 연구", 『한국정치학회보』, 제37집 제1호, 한국정치학회, 2003.
김용현, "선군정치와 김정일 국방위원장 체제의 정치변화", 『현대북한연구』, 제8권 3호, 북한대학원대학교, 2005.
김용현, "북한 군대의 사회적 역할에 관한 다중적 동태분석(1948－2012)", 한국연구재단(NRF) 보고서, 2014.
김용현, "김대중 정부의 대북정책에 관한 연구: 게임이론을 중심으로", 연세대학교대학원 석사학위 논문, 2001.
김우상, 황세희, 김재홍, "북한의 허세부리기 게임과 미국의 싸움꾼 게임", 『동서연구』, 제 18권 , 연세대학교 동서문제 연구원, 2006.
김태현, "억지의 실패와 강압외교: 쿠바의 미사일과 북한의 핵", 『국제정치논총』, 제52권, 한국국제정치학회, 2012.
김황록, "김정은 정권의 핵 무력 고도화와 대미 역강압전략 연구－핵 투발수단을 중심으로", 북한대학원대학교 박사학위 논문, 2020.
박순성, "1·2차 북핵 위기와 한반도·동북아 질서변화", 『민주사회와 정책연구』 통권 13호, 민주사회정책연구원, 2008.
박종철, "북미 간 갈등구조와 협상전망", 『통일정책연구』, 제12권1호, 통일연구원, 2003.

박지웅, “북한의 미사일 개발 전략 변화 연구: 과정과 요인을 중심으로”, 북한대학원대학교 석사학위 논문, 2021.
박형준, “조선노동당 제8차 대회를 통해 본 북한의 대외정책: 대외관계사업총화보고를 중심으로”, 『북한학연구』, 17권 1호, 동국대 북한학연구소, 2021.
서보혁, “벼랑 끝 외교의 작동 방식과 효과:1990년대 북한의 대미 외교를 사례로”, 『아세아연구』, 제46권, 고려대학교 아세아문제연구소, 2003.
손무정, “2차 북한 핵 위기 협상과 미국과 북한의 벼랑 끝 정책”, 『국제정치 연구』, 제8집 1호, 동아시아국제정치학회, 2005.
안득기, “북한의 대미 외교정책 행태에 관한 연구: 1차 핵 위기를 중심으로”, 『글로벌 정치연구』, 4권 2호, 한국외대 글로벌 정치연구소, 2011.
양무진, “제2차 북핵문제와 미북간 대응전략”, 『현대북한연구』, 10권 1호, 북한대학원대학교, 2007.
유기홍, “김정은의 정상회담 전략연구”, 『현대북한연구』, 22권 2호, 북한대학원대학교, 2019.
유성옥, “북한의 핵정책 동학에 관한 이론적 고찰”, 고려대학교대학원 박사학위 논문, 1996.
윤태영, “북한 핵문제와 미국의 ‘강압외교’; 당근과 채찍 접근을 중심으로”, 『국제정치논총』, 제43집 1호, 한국국제정치학회, 2003.
이기성, “판문점 도끼살해사건 해결과정을 통해본 대북 강압외교 연구”, 『군사연구』, 제 140집, 육군군사연구소, 2015.
이영훈, “북한의 경제성장 및 축적체제에 관한 연구(1956－64년)”, 고려대학교대학원 박사학위 논문, 2000.
이종주, “김정은의 핵 강압외교 연구”, 『현대북한연구』, 22권 3호, 북한대학원대학교 심연북한연구소, 2019.
임수호, “실존적 억지와 협상을 통한 확산: 북한의 핵정책과 위기조성외교(1989－2006)”, 서울대학교대학원 박사학위 논문, 2006.
전동진, “북한의 대미협상전략과 선군리더십”, 『통일전략』, 제9권 2호, 한국 통일전략학회, 2009.
정방호, “김정은 시대 북한의 ‘핵 강압외교’에 관한 연구”, 동국대학교대학원 박사학위 논문, 2022.
정한범, “하노이 2차 북미정상회담의 한계와 성과”, 『세계지역연구논총』, 37집 1

호, 한국세계지역학회, 2019.
정성윤, “북한의 대외·대남 전략 구상의 특징과 결정요인: 북핵문제와 강압전략을 중심으로”, 『한국과 국제정치』, 제35권 1호, 경남대 극동문제연구소, 2019.
조한승, “북한의 벼랑 끝 전술과 미국의 미사일 방어체제의 상호관계”, 『평화연구』, 제15권 1호, 고려대학교 평화와 민주주의연구소, 2007.
정종관, “강대국에 대한 약소국의 역강압전략에 관한 연구: 북핵 문제를 중심으로”, 조선대학교대학원 박사학위 논문, 2016.
최용환, “북한의 대미 비대칭 억지·강제전략: 핵과 미사일 사례를 중심으로”, 서강대학교대학원 박사학위 논문, 2002.
홍석률, “1976년 판문점 도끼 살해사건과 한반도 위기”, 『정신문화연구』, 28권 4호, 한국학중앙연구원, 2005.

2. 북한문헌

가. 단행본

「김일성 저작집 15」, 평양: 조선로동당출판사, 1981.
「김일성 저작집 18」, 평양: 조선로동당출판사, 1982.
「김일성 저작집 22」, 평양: 조선로동당출판사, 1983.
「김정일 선집 제2권」, 평양: 조선로동당출판사, 2009.
「김정일 선집 제21권」, 평양: 조선로동당출판사, 2013.
김철우, 「김정일 장군의 선군정치: 군사선행, 군을 주력군으로 하는 정치」, 평양: 평양 출판사, 2000.
김희일, 「미제는 세계인민의 흉악한 원수」, 평양: 조국통일사, 1974.
박태호, 「조선민주주의인민공화국 대외관계사2」, 평양: 사회과학출판사, 1987.
원영수·윤금철·김영범, 「침략과 범죄의 력사」, 평양: 평양출판사, 2010.
정기종, 「력사의 대하」, 평양: 문학예술종합출판사, 1997.

나. 연설문

김일성, “조성된 정세에 대처하여 전쟁준비를 잘할데 대하여”, 당중앙위부부장이상 일군들과 도당책임비서들 앞에서 한 연설(1968년 3월 21일)
김정일, “미제의 전쟁도발책동에 대처하여 전투동원준비를 철저히 갖추자”, 조선

로동당 중앙위원회 선전 선동부, 군사부 일군들과 한 담화(1968년 2월 2일)
김정일, “위대한 수령님의 혁명정신과 의지, 배짱으로 새로운 승리의 길을 열어나 가자”, 조선로동당 중앙위원회 책임일군들과 한 담화(2002년 11월 25일)

다. 기타자료

1) 언론자료

「조선중앙통신」, 2012년 3월 16일
「조선중앙통신」, 2012년 12월 12일
「조선중앙통신」, 2013년 2월 12일
「로동신문」, 1968년 1월 25일
「로동신문」, 1968년 2월 5일
「로동신문」, 1968년 2월 9일
「로동신문」, 1968년 2월 18일
「로동신문」, 1968년 12월 24일
「로동신문」, 1976년 8월 20일
「로동신문」, 1993년 2월 12일
「로동신문」, 1993년 3월 13일
「로동신문」, 1993년 11월 4일
「로동신문」, 1993년 11월 30일
「로동신문」, 1994년 2월 1일
「로동신문」, 1994년 9월 25일
「로동신문」, 1994년 9월 28일
「로동신문」, 2022년 1월 20일
「조선신보」, 2022년 1월 22일

2) 간행물

「조선로동당 규약」(2016. 5. 개정)
「조선민주주의인민공화국 사회주의헌법」(2019. 8. 개정)

3. 외국문헌

Alexander L. George, “Avoiding War: Problems of Crisis Manage ment”, Bouider: Westview Press, 1991.

Alexander L. George, “Forceful Persuasion: Coercive Diplomacy as an Alternative to War”, Washington D.C.:United States Institute of Peace Press, 1991.

Bill Clinton, “My Life”, N. Y.: Alfred A. Knopf, 2004.

Chuck Downs, “Over The Line”, Washington D.C: AEI Press, 1999.

C. Turner Joy, “How Communists Negotiate”. New York: The Macmilian Company, 1955.

Don Oberdorfer, “The Two Koreas: A Contemporary History”, Basic Books, 1997.

Graham Allison · Philip Zelikow, “Essence of Decision:Explaining the Cuban Missile Crisis, 2nd edition”, Pearson Edu cation, 1999.

J. Nash, “Equilibrium Points in n-person Games”, Proceeding of the Nation Academy of Science 36, 1950.

Joel S. Wit, Daniel B. Poneman, and Robert L. Gallucci, “Going Critical:The First North Korean Nuclear Crisis”, Wash ington, D. C.: Brookings Institution Press, 2004.

Mathew B. Ridge, “The Korean War”, Garden City,N.Y.: Doubleday and Company, 1967.

Michell B. Lerner, “The pueblo Incident: A Spy Ship and the Failure of American Foreign Policy”, University Press of Kansas, 2002.

Narushige Michishita, “The History of North Korea's Brinkmanship Diplomacy, 1966-2013”, 2013.

Robert Green, “The 33 Strategy of War”, New york: Joost Elffers Books, 2006.

Scott Snyder, “Negotiation on the Edge:North Korean Negotiation Behavior”, Washington D.C.: United States Institution of Peace Press, 1999.

Thomas C. Schelling, “The Strategy of Conflict”, Cambridge: Harvard University Press, 1960.

Thomas C. Schelling, “Arms and Influence”, New Haven: Yale University

Press, 1966.
William Poundstone, "Prisoners Dilemma", Oxford: Oxford University Press, 1992.
William Mark Habeeb, "Power and Tactic in International Negotiation: How Weak Nation Bargain With Strong Nation", London: Johns Hopkins Press, 1988.
Yehosephai Harkabi, "Nuclear War and Nuclear Peace", Jerusalem: Program for Scientific Translation, 1966.

4. 기타 자료

가. 신문기사 자료

『동아일보』, www.donga.com
『문화일보』, www.munhwa.com.
『세계일보』, www.segye.com
『신동아』, shindonga.donga.com.
『중앙일보』, www.joongang.co.kr.
『통일뉴스』, www.tongilnews.com.
『NKchosun』, nk.chosun.com.

나. 인터넷 검색자료

『국립중앙도서관』, nl.go.kr.
『국방부 군사편찬연구소』, www.imhc.mil.kr.
『동국대 북한학연구소』, nkstudy.com.
『두산백과』, terms.naver.com.
『외교부』, www.mofa.go.kr.
『코트라』, www.kotra.or.kr.
『통계청』, kostat.go.kr.
『통일부』, unikorea.go.kr.
『통일부 북한자료센터』, unibook.unikorea.go.kr.
『한국학중앙연구원』, www.aks.ac.kr.

사 항 색 인

저자소개

임성재(任成宰)

헌 동국대학교 북한학연구소 객원연구원

육군사관학교 졸업(45기)

경희대학교 행정학 석사(정책학)

동국대학교 북한학 박사(대외관계)

주요 논문 및 저서

국가정보원, 존재의 이유(2024, 박영사)

북한의 대미 벼랑 끝 협상전략 연구(2022, 박사학위논문)

정책과정에서 국가정보기관의 역할에 관한 연구(2004, 석사학위논문)

한국전쟁의 기원과 성격규정의 함의에 관한 연구(북한학연구, 2020년 제16권 2호)

증보판
김정은 시대 북한의 벼랑 끝 전략

초판발행 2023년 3월 2일
증보판발행 2024년 7월 25일

지은이 임성재
펴낸이 안종만 · 안상준

편 집 양수정
기획/마케팅 정연환
표지디자인 이은지
제 작 고철민 · 김원표

펴낸곳 (주) 박영사
서울특별시 금천구 가산디지털2로 53, 210호(가산동, 한라시그마밸리)
등록 1959. 3. 11. 제300-1959-1호(倫)
전 화 02)733-6771
f a x 02)736-4818
e-mail pys@pybook.co.kr
homepage www.pybook.co.kr
ISBN 979-11-303-2078-6 93390

정 가 18,000원